Wilhelm Ostwald

Die wissenschaftlichen Grundlagen der analytischen Chemie.

Salzwasser

Wilhelm Ostwald

Die wissenschaftlichen Grundlagen der analytischen Chemie.

1. Auflage | ISBN: 978-3-84608-111-2

Erscheinungsort: Paderborn, Deutschland

Erscheinungsjahr: 2015

Salzwasser Verlag GmbH, Paderborn.

DEM ANDENKEN AN

JOHANNES WISLICENUS

GEWIDMET.

Vorwort zur ersten bis sechsten Auflage.

Die analytische Chemie, oder die Kunst, die Stoffe und ihre Bestandteile zu erkennen, nimmt unter den Anwendungen der wissenschaftlichen Chemie eine hervorragende Stellung ein, da die Fragen, die sie zu beantworten lehrt, überall auftreten, wo chemische Vorgänge zu wissenschaftlichen oder zu technischen Zwecken hervorgebracht werden. Ihrer Bedeutung gemäß hat sie von jeher eine tätige Pflege gefunden, und in ihr ist ein guter Anteil von dem aufgespeichert, was an quantitativen Arbeiten im Gesamtgebiete der Chemie geleistet ist. In auffallendem Gegensatze zu der Ausbildung, welche die Technik der analytischen Chemie erfahren hat, steht aber ihre wissenschaftliche Bearbeitung. Diese beschränkt sich auch bei den besseren Werken fast völlig auf die Darlegungen der Formelgleichungen, nach denen die beabsichtigten chemischen Reaktionen *im idealen Grenzfall* erfolgen sollen; dass tatsächlich überall statt der gedachten vollständigen Vorgänge unvollständige stattfinden, die zu chemischen Gleichgewichtszuständen führen, dass es keine absolut unlöslichen Körper und keine absolut genauen Trennungs- und Bestimmungsmethoden gibt, bleibt nicht nur dem Schüler meist vorenthalten, sondern tritt auch dem ausgebildeten Analytiker, wie ich fürchte, nicht immer so lebhaft in das Bewußtsein, als es im Interesse einer sachgemäßen Beurteilung analytischer Methoden und Ergebnisse zu wünschen wäre.

Dementsprechend nimmt neben den andern Gebieten unserer Wissenschaft die analytische Chemie die untergeordnete Stelle einer — allerdings unentbehrlichen — Dienstmagd ein. Während sonst überall die lebhafteste Tätigkeit um die theoretische Gestaltung des wissenschaftlichen Materials zu erkennen ist, und die hierher gehörigen Fragen die Gemüter stets weit stärker erhitzen, als die rein experimentellen Probleme, nimmt die analytische Chemie mit den ältesten, überall sonst abgelegten theoretischen Wendungen und Gewändern vorlieb und sieht kein Arg darin, ihre Ergebnisse in einer Form darzustellen, deren Modus oder Mode seit fünfzig Jahren als abgetan gegolten hat. Denn noch heute findet man es zulässig, nach dem Schema des elektrochemischen Dualismus von 1820 beispielsweise als Bestandteile des Kaliumsulfats K_2O und SO_3 anzuführen; und die Sache wird nicht besser dadurch, dass man daneben Chlor als solches in Rechnung bringt, und sein „Sauerstoffäquivalent" von der Gesamtmenge in Abzug bringen muss.

Wenn eine derartige ausgeprägte und auffallende Erscheinung sich geltend macht, so hat sie immer ihren guten Grund. Und es ist nötig, ohne Umschweife auszusprechen, dass eine wissenschaftliche Begründung und Darstellung der analytischen Chemie bisher deshalb nicht bewerkstelligt worden ist, *weil die wissenschaftliche Chemie selbst* *noch nicht über die dazu erforderlichen allgemeinen Anschauungen und Gesetze verfügte.* Erst seit wenigen Jahren ist es, dank der schnellen Entwicklung der allgemeinen Chemie, möglich geworden, an die Ausbildung einer Theorie der analytischen Reaktionen zu gehen, nachdem die allgemeine Theorie der chemischen Vorgänge und Gleichgewichtszustände entwickelt worden war, und auf den nachfolgenden Seiten soll versucht werden, zu zeigen, in welch hohem Maße* von dieser Seite neues Licht auf täglich geübte und alt vertraute Erscheinungen fällt.

(1894)

In den drei Jahren, die bis zur Ausgabe der zweiten Auflage verflossen sind, hat sich an dem allgemeinen Zustande der analytischen Chemie nicht viel geändert, insbesondere bin ich nicht gewahr geworden, dass die auch in diesem Zeiträume zahlreich genug erschienenen neuen oder wieder aufgelegten Lehrbücher der analytischen Chemie mehr als kaum merkliche Spuren von dem Eindringen der neueren Ideen in den Kreis der gebräuchlichen alten Darstellungsweise, die doch schon längst unzulänglich geworden ist, hätten erkennen lassen. Indessen sind doch wenigstens Spuren vorhanden, und wenn erst das erste für den unmittelbaren Unterrichtszweck bestimmte analytische Lehrbuch in diesem Sinne geschrieben sein wird, was hoffentlich nun nicht mehr lange dauert, so wird auch die Nachfolge nicht lange auf sich warten lassen.

Zu dieser guten Hoffnung stimmt mich vor allen Dingen das vielfache Interesse, das dem Büchlein bisher freundlichst entgegengebracht wurde, und zwar besonders aus dem Kreise der nichtzünftigen Analytiker. Dazu kommt, dass sowohl im eigenen Unterrichtslaboratorium, wie in denen einiger Freunde und Gesinnungsgenossen die klärende und fördernde Wirkung der neuen Anschauungen gerade für den *Unterricht* sich hat erproben lassen, und die Probe bestanden hat. Endlich sei als günstiges Zeichen erwähnt, dass Übersetzungen der ersten Auflage ins Englische, Russische und Ungarische veröffentlicht, und weitere in andere Sprachen beabsichtigt sind, so dass auch außerhalb Deutschlands für diesen Versuch eines Fortschritts günstiger Boden zu sein scheint.

Die vorliegende zweite Auflage der „wissenschaftlichen Grundlagen der analytischen Chemie" ist sorgfältig durchgearbeitet und an zahlreichen Stellen mit Ergänzungen und Verbesserungen versehen worden; auch ist neben kleineren Einschaltungen ein längerer Paragraph über elektrochemische Analyse neu hinzugefügt worden. Der Neigung, den zweiten Teil mehr in Einzelheiten auszuarbeiten, glaubte ich widerstehen zu sollen, um dem wesentlichen Zwecke des Buches, eine allgemeine Übersicht zu gewähren, nicht zu schaden. Ohnedies verlangen sehr viele der heute gebräuchlichen analytischen Methoden zu ihrer vollen Aufklärung noch mehr oder weniger eingehende experimentelle Studien von den neuen Gesichtspunkten aus, und wenn auch schon schöne Beispiele dafür — ich erinnere an die Arbeiten von Lovén, F. W. Küster und von St. Bugarszky — vorliegen, so bleibt doch noch weit mehr zu tun übrig.

Den zahlreichen Freunden und Fachgenossen, denen ich für Förderung in den hier behandelten Fragen verpflichtet bin, sage ich hier meinen herzlichsten Dank; nicht minder den Herren Dr. R. Luther und Dr. G. Bkedio, welche die Probebogen gelesen und mir viele nützliche Bemerkungen mitgeteilt haben.

(1897)

Die vor drei Jahren bemerkten Anfänge in dem Eindringen der neueren Anschauungen in den elementaren Unterricht haben sich in der Zwischenzeit stetig weiter entwickelt, und es gibt gegenwärtig bereits eine ganze Anzahl großer Institute,, in denen im modernen Sinne unterrichtet wird. Ich glaube daher auch für die nächste Zukunft die besten Hoffnungen hegen zu dürfen, in dem Sinne, dass es nur mehr eine Frage der Zeit ist, wann diese Art des Unterrichts allgemein wird. Besondere Verdienste in diesem Sinne haben sich die Herren Kollegen Waldein, Küster und Abegg erworben. Letzterem verdanken wir auch bereits einige Werke, in denen die tägliche Technik des Anfängerlaboratoriums im Sinne der neueren wissenschaftlichen Chemie gelehrt wird.

So sind es denn freudige Empfindungen, mit denen ich diese dritte Auflage des Büchleins der Öffentlichkeit übergebe. Durch die Anfügung eines Anhanges, in welchem eine Anzahl passender Vorlesungsversuche beschrieben wird, hoffe ich die lehrenden Fachgenossen anzuregen, gelegentlich einen Versuch mit einer Vorlesung über analytische Chemie im Sinne dieser Schrift zu machen. Nicht weniger hoffe ich dadurch die Ausarbeitung und Mitteilung anderer, für den gleichen Zweck dienlicher, Versuche anzuregen. Das Feld ist so hübsch und dankbar!

(1901)

Die trotz Erhöhung der Auflage in regelmäßigen Zwischenräumen von etwa drei Jahren erfolgenden Neuauflagen dieses Büchleins geben mir die Gewähr, dass die etwas verwegen aussehende Hoffnung, mit der ich es vor nunmehr zehn Jahren in die Welt schickte: dass es nämlich die Verwertung der in der allgemeinen Chemie erzielten Fortschritte für den analytischen Unterricht und dessen entsprechende Umgestaltung vermitteln möchte, nunmehr in weitem Umfang in Erfüllung gegangen ist. Dies lässt sich vor allem daraus entnehmen, dass von den im Sinne der älteren Chemie geschriebenen Lehrbüchern der chemischen Analyse eins nach dem andern den neuen Gesichtspunkten gemäß umgestaltet wird. Ferner beweist mir die verhältnismäßig große Zahl der fremdsprachigen Ausgaben (Englisch, Russisch, Ungarisch, Japanisch, Italienisch, Französisch), dass auch die außerdeutschen Fachgenossen in den neuen Auffassungen nicht nur eine vorübergehende Mode, sondern einen wirklichen Fortschritt erkennen.

Die vorliegende Ausgabe ist gegen die vorige nur insofern geändert, als sie sprachlich und sachlich sorgfältig durchgesehen wurde. Als erste Einführung des analytischen Anfängers in den Gedankengang der neueren Chemie wird sie, wie ich hoffe, ihre Stelle noch ausfüllen können, auch nachdem in dem „Grundriß der qualitativen Analyse" von W. Böttger ein für den vollständigen Laboratoriumsunterricht geschriebenes Lehrbuch vorliegt, das ganz und gar im Sinne der angestrebten Reform bearbeitet ist.

Leipzig, August 1904.

Die durch F. Wald angeregte Vertiefung in der Auffassung der Grundlagen der wissenschaftlichen Chemie, deren elementare Folgen ich in meinen „ Prinzipien der Chemie" (Akad. Verlagsgesellschaft, Leipzig 1907) zu entwickeln versucht habe, ist auch nicht ohne Einfluss auf die Systematik der analytischen Chemie geblieben. Der Grundgedanke, dass in gewissem Sinne die stöchiometrischen Gesetze die Folgen der Methoden zur Herstellung und Kennzeichnung reiner Stoffe sind, muss auch in einer elementaren Darstellung der Analyse zum Ausdruck kommen. So habe ich es für notwendig gehalten, alsbald den Begriff der *Phase* als den der Lösung und des reinen Stoffes zusammenfassend einzuführen und auch weiterhin die Darstellung sorgfältig dieser grundlegenden Begriffsbildung anzupassen.

Diese Änderungen haben naturgemäß die ersten Kapitel am stärksten betroffen. In den späteren sind nur einzelne Zusätze und Verbesserungen dem gegenwärtigen Stande der Wissenschaft gemäß angebracht worden. Hierbei hat mir Herr Dr. Karl Drucker sehr gute Hilfe geleistet, für die ich ihm auch an dieser Stelle meinen Dank ausspreche.

Großbothen, Neujahr 1910.

Die sechste Auflage ist in der Kriegszeit hergestellt worden, welche die wissenschaftliche Arbeit zwar einzuschränken, nicht aber aufzuheben vermochte. Änderungen von Belang sind nicht erforderlich gewesen.

Mai 1917.

W. OSTWALD.

INHALTSVERZEICHNIS.

ERSTER TEIL :T H E O R I E 13

Erstes Kapitel. Gemenge und ihre Phasen................ 14

   1. Allgemeines. 14

   2. Trennung fester Phasen von festen. 15

   3. Trennung flüssiger Phasen von festen, filtrieren. 17

   4. Das Auswaschen. 19

   5. Theorie des Auswaschens. 20

   6. Die Adsorptionserscheinungen. 21

   7. Vergrößerung des kristallinischen Kornes................ 24

   8. Kolloide Niederschläge. 25

   9. Dehantieren. 27

   10. Trennung flüssiger Körper von flüssigen. 28

   11. Trennung gasförmiger Körper von festen oder flüssigen. 28

   12. Trennung verschiedener Gase................ 29

Zweites Kapitel. Lösungen und reine Stoffe. 30

   1. Unterscheidung beider Klassen. 30

   2. Die Eigenschaften. 31

   3. Reaktionen................ 32

   4. Die Abstufung der Eigenschaften................ 33

   5. Die Kristallgestall. 34

   6. Farbe und Licht. 35

Drittes Kapitel. Scheidung der Lösungsbestandteile. 37

   1. Allgemeines. 37

   2. Theorie der Destillation. 38

   3. Destillation flüssiger Lösungen. 39

   4. Fraktionieren durch Schmelzen. 42

   5. Scheidung durch Lösung. 42

   6. Gaslösungen. 43

   7. Trocknen von Gasen................ 44

   8. Zwei Flüssigkeiten. Theorie des Ausschütteins. 45

   9. Lösungen fester Stoffe................ 46

   10. Mehrere lösliche Stoffe. 47

11. Umkristallisieren.. 48

Viertes Kapitel. Die chemische Scheidung. 50

§ 1. Die Theorie der Lösungen.. 50

1. Vorbemerkungen. 50

2. Zustand gelöster Stoffe. 51

3. Die Ionen.. 52

4. Die Arten der Ionen. 54

5. Einige weitere Angaben. 56

§ 2. Chemische Gleichgewichte.. 58

6. Das Gesetz der Massenwirkung. 58

7. Anwendungen. 59

8. Mehrfache Dissoziation... 60

9. Stufenweise Dissoziation. 61

10. Mehrere Elekdrolyte... 61

11. Gleichnamige Säuren und Salze.. 63

12. Hydrolyse. 64

13. Heterogenes Gleichgewicht. Das Verteilungsgesetz. 66

§ 3. Der Verlauf chemischer Vorgänge. 67

14. Die Reaktionsgeschwindigkeit. 67

15. Einfluss der Temperatur.. 68

16. Katalyse. 68

17. Heterogene Gebilde.. 69

§ 4. Die Fällung. 69

18. Allgemeines. 69

19. Die Übersättigung. 69

20. Das Löslichkeitsprodukt. 70

21. Einige Fällungsreaktionen... 73

22. Auflösung der Niederschläge... 74

23. Komplexe Verbindungen... 77

§ 5. Reaktionen mit Gasentwicklung oder -absorption......................... 79

24. Gasentwicklung.. 79

25. Gasabtorption. 80

§ 6. Reaktionen mit Ausschütteln... 81

26. Einfluss des Ionenzustandes. 81

§ 7. Das elektrische Verfahren. 82

27. Reaktionen an den Elektroden. 82

28. Die Spannungsreihe. 84

29. Einfluss des Wassers. 84

30. Einfluss komplexer Verbindungen. 85

31. Zusammenfassung. 86

32. Die Trennung. 87

§ 8. Ein Gesetz über Stufenreaktionen. 88

Fünftes Kapitel. Die Messung der Stoffe. 90

1. Allgemeines. 90

2. Reine Stoffe. 93

3. Lösungen. 94

4. Indirekte Mengenbestimmung. 96

5. Ternäre und zusammengesetztere Lösung. 97

6. Titriermethoden. 98

ZWEITER TEIL: ANWENDUNGEN. 101

Sechstes Kapitel. Wasserstoff und Hydroxylion. 103

1. Säuren und Basen. 103

2. Theorie der Indikatoren. 104

3. Gegenwart von Kohlensäure. 106

4. Mehrbasische Säuren. 107

Siebentes Kapitel. Die Gruppe der Alkalimetalle. 109

1. Allgemeines. 109

2. Kalium, Rubidium, Cäsium. 109

3. Natrium 110

4. Lithium 111

5. Ammoniak. 111

Achtes Kapitel. Die Erdalkalimetalle. 113

1. Allgemeines. 113

2. Kalzium. 113

3. Strontium..114

5. Magnesium. 116

6. Anhang..117

Neuntes Kapitel. Die Metalle der Eisengruppe. 119

1. Allgemeines. 119

2. Eisen 120

3. Chrom. 122

4. Mangan. 123

5. Kobalt und Nickel. 125

6. Zink. 126

Zehntes Kapitel. Metalle der Kupfergruppe........................128

1. Kadmium..129

2. Kupfer. 130

3. Silber. 132

4. Quecksilber. 133

5. Blei..136

6. Wismut. 137

Elftes Kapitel. Die Metalle der Zinngruppe. 138

1. Allgemeines. 138

2. Zinn...138

3. Antimon..140

4. Arsen...141

Zwölftes Kapitel. Die Nichtmetalle. 143

1. Allgemeines. 143

2. Die Halogene. 143

3. Zyan und Rhodan. 147

4. Die einbasischen Sauerstoffsäuren. 148

5. Die Säuren des Schwefels. 150

6. Kohlensäure...153

7. Phosphorsäure...155

8. Phosphorige und unterphosphorige Säure.....................157

9. Borsäure. 158

10. Kieselsäure. 159

Dreizehntes Kapitel. Die Berechnung der Analysen. 161

Anhang. 164

ERSTER TEIL :THEORIE.

Erstes Kapitel. Gemenge und ihre Phasen.

1. Allgemeines.

In der Chemie betrachtet man die wägbaren Gegenstände der Außenwelt in Bezug auf ihre *spezifischen* Eigenschaften, d. h. auf solche Eigenschaften, die von der Menge und willkürlichen Gestalt der Objekte unabhängig sind, und nennt die so betrachteten Körper *Stoffe.* Solche spezifische Eigenschaften sind Farbe, Dichte, elektrische Leitfähigkeit. Glanz usw. Zwei Körper, welche in Bezug auf ihre spezifischen Eigenschaften übereinstimmen, nennt man chemisch *gleich,* welches auch im Übrigen ihre Größe, Gestalt und sonstige Beschaffenheit sei.

Betrachten wir unter solchen Gesichtspunkten die Außenwelt, so erscheint sie uns als ein *Gemenge.*

Unter einem Gemenge verstehen wir ein Gebilde, das aus Stücken oder Anteilen besteht, deren spezifische Eigenschaften innerhalb jeden Stückes gleich, von Stück zu Stück dagegen verschieden sind. So ist der Granit ein Gemenge, denn man kann in ihm bereits beim bloßen Betrachten vermöge der Verschiedenheiten der Farbe und des Glanzes (bei genauerer Kenntnis auch der Kristallform) drei verschiedene Arten fester Körper oder Stoffe unterscheiden, nämlich weißen Quarz, rötlichen Feldspat und silberglänzenden Glimmer. Ebenso ist nasser Sand ein Gemenge aus Sand und Wasser. Dagegen ist eine Auflösung von Zucker in Wasser kein Gemenge, denn man kann auf keine Weise, auch nicht mittels eines modernen Ultramikroskops, darin Anteile mit verschiedenen Eigenschaften unterscheiden.

Denkt man sich ein Gemenge mechanisch in die verschiedenen Anteile getrennt, aus denen es ersichtlicherweise besteht, und jeden Anteil für sich gesammelt, so bilden diese Anteile, jeder für sich, einen *homogenen* oder *gleichteiligen* Stoff, d. h. einen solchen, dessen Teile sämtlich übereinstimmende spezifische Eigenschaften aufweisen. Solche gleichteilige Anteile eines Gemenges wollen wir *Phasen* nennen. Demgemäß besteht der Granit aus drei festen Phasen, nämlich Quarz, Feldspat und Glimmer. Nasser Sand besteht aus zwei Phasen, einer festen, nämlich Sand (von dem wir voraussetzen, dass er selbst kein Gemenge ist, sondern beispielsweise aus reinem Quarz besteht), und einer flüssigen, Wasser. Schütten wir Zucker in Wasser, so sind zunächst zwei Phasen vorhanden, nämlich die beiden eben genannten Stoffe. Nachdem der Zucker sich aufgelöst hat, besteht dagegen nur eine einzige Phase, die Zuckerlösung.

Die erste Aufgabe der analytischen Chemie besteht nur darin, das vorgelegte Gebilde, dessen chemische Bestandteile sie ermitteln soll, daraufhin zu untersuchen, ob es ein Gemenge oder ein gleichteiliger Körper ist. Die meisten Körper, die wir in der Natur antreffen, sind Gemenge.

Liegt ein solches vor, so tritt die zweite allgemeine Aufgabe der analytischen Chemie ein, das Gemenge in seine Phasen zu sondern und diese einzeln herzustellen.

Die Möglichkeit, Gemenge in ihre Phasen zu trennen beruht darauf, dass diese sich gegeneinander durch Unstetigkeitsflächen abgrenzen. Solche Unstetigkeitsflächen treten zunächst und wesentlich bei verschiedenen Formarten auf; doch ist ihr Vorhandensein auch bei derselben Formart nicht ausgeschlossen. Die Systematik der Trennungsmethoden wird am besten auf die verschiedenen Formarten bezogen, und wir haben demgemäß folgende Trennungen zu betrachten:

a) Feste Körper von festen.

b) Feste Körper von flüssigen.

c) Flüssige Körper von flüssigen.

d) Feste Körper von Gasen.

e) Flüssige Körper von Gasen.

Der Fall, dass Gase gegeneinander Trennungsflächen aufweisen, kommt nicht vor.

Die Trennung der Stoffe ist stets eine *mechanische* Operation; sogenannte chemische Trennungen bestehen darin, dass man die zu trennenden Stoffe durch chemische Vorgänge in Gemenge überführt, welche eine mechanische Trennung gestatten.

2. Trennung fester Phasen von festen.

Der Grundsatz, nach welchem diese Trennungen bewerkstelligt werden, besteht darin, dass man auf die eine oder die andere Phase Kräfte wirken lässt, welche sie an einen andern Ort bringen, als die übrigen Phasen, worauf die mechanische Teilung erfolgen kann.

Als allgemein verwendbare Eigenschaft für diesen Zweck dienen die Unterschiede in der Dichte. Schlämmt man ein Gemenge zweier fester Phasen in einer Flüssigkeit auf, deren Dichte zwischen denen der beiden festen liegt, so wird die leichtere darin aufsteigen, die schwerere zu Boden sinken, und so lässt sich eine Trennung bewirken. Sind die Dichten der festen Phasen vorher bekannt, so kann die der Flüssigkeit von vornherein danach geregelt werden. Ist das nicht der Fall, so fängt man in einer Flüssigkeit an, welche dichter als beide ist, und vermindert ihre

Dichte durch Zusatz einer leichteren Flüssigkeit so lange» bis die gewünschte Scheidung eintritt.

Sind mehr als zwei feste Phasen vorhanden, so kann das gleiche Verfahren der stufenweisen Verdünnung angewendet werden. Geht man in kleinen Schritten vorwärts, so sinkt zunächst die dichteste Phase und kann abgeschieden werdendes folgt dann die nächst dichte, und so fort.

Als geeignete Flüssigkeiten benutzt man für Stoffe, die nicht im Wasser löslich sind, wässerige Lösungen von Kaliumquecksilberjodid, Bariumquecksilberjodid, Kadmiumborowolframat und ähnlichen Salzen. Für in Wasser lösliche Stoffe lässt sich Methylenjodid oder Azetylentetra- bromid verwenden, welches man mit leichten Flüssigkeiten, wie Xylol, verdünnt. Da die Dichten solcher Flüssigkeiten nicht viel über 3 hinausgehen, so sind dichtere feste Körper auf diese Weise nicht zu trennen. Bei solchen lassen sich zuweilen geschmolzene Stoffe höherer Dichte (z. B. Thalliumnitrat) verwenden.

In sehr viel unvollkommenerer Gestalt wird ein ähnliches Verfahren beim *Schlämmen* angewendet. Dieser Trennungsprozess fester Körper beruht auf dem Umstand, dass in einer Flüssigkeit verteilte feste Körper unter sonst gleichen Umständen umso schneller zu Boden sinken, je dichter sie sind. Durch einen Flüssigkeitsstrom werden aus einem Gemenge daher vorwiegend die weniger dich ten Bestandteile fortgeführt werden. Nun aber hängt die Schnelligkeit der Senkung schwebender Teilchen nicht nur von ihrer Dichte, sondern auch in höchstem Maße vor ihrer *Größe* ab, derart, dass sie sich umso langsamer senken, je kleiner sie sind. Infolge dieses zusammen gesetzten Verhältnisses ist das Verfahren zu genauen Trennungen wenig geeignet: um es möglichst brauchbar zu gestalten, ist es nützlich, die Korngröße der verschiedenen Stoffe möglichst gleich zumachen, was wieder am sichersten durch möglichst feines Pulvern des Gemenges zu erreichen ist. Praktisch ausführbar wird die Trennung überhaupt nur bei einigermaßen bedeutenden Unterschieden der Dichten.

Die hydrostatischen Kräfte lassen sich durch Hinzuziehung der *Zentrifugalkraft* erheblich wirksamer gestalten, wovon gleichfalls vielfach Anwendung gemacht wird. Man bringt hierbei die zu scheidenden Gemenge in einen Apparat, in welchem sie sehr schnell im Kreise herumgewirbelt werden, worauf eine Trennung ganz wie durch die Schwere, nur viel schneller, erfolgt.

Neben diesen Kräften sind andere von *allgemeiner* Anwendbarkeit zur Trennung fester Körper nicht bekannt. In einzelnen Fällen werden aber andere Kräfte, insbesondere magnetische, benutzt, um Trennungen zu bewirken. So kann man z. B. Eisenteilchen aus Gemengen durch einen

Magnet entfernen; für schwach magnetische Stoffe benutzt man kräftige Elektromagnete. Auch kann man magnetische und hydrostatische Kräfte verbinden.

In gleicher Weise lassen sich elektrostatische Kräfte benutzen. Pulverförmige Gemenge verschiedener Stoffe elektrisieren sich beim Schütteln derart, dass der eine Stoff positiv, der andere negativ wird. Bringt man ein solches Gemenge mit einem elektrisierten Nichtleiter, z. B. einer geriebenen Ebonitplatte, zusammen, so haften nur die entgegengesetzt geladenen Teilchen, und die andern werden abgestoßen.

Eine weitere Trennungsmethode fester Körper könnte auf den Umstand gegründet werden, dass in einem nicht gleichförmigen elektrischen Felde die Stoffe mit hoher Dielektrizitätskonstante an die Stellen getrieben werden, wo die Intensität des Feldes den größeren Wert hat. Anwendungen dieser Verfahren liegen noch nicht vor.

Das Verfahren, dass man ein Gemenge zweier fester Körper durch Behandeln mit einem Lösungsmittel trennt, in welchem einer der Stoffe löslich, der andere unlöslich ist, gehört nicht hierher. Denn es beruht auf einer *Veränderung* der beteiligten Phasen und muss daher bei den Umwandlungsvorgängen betrachtet werden.

3. Trennung flüssiger Phasen von festen, filtrieren.

Das Verfahren, um feste und flüssige Körper zu trennen, heißt *Filtrieren* und beruht auf der Anwendung poröser Scheidewände, deren Poren kleiner sind, als die Teile der festen Phase. Indem man das Gemenge einen Druck auf die Scheidewand ausüben lässt, wird die Flüssigkeit hindurchgetrieben, während der feste Körper zurückgehalten wird, wonach die räumliche Trennung erreicht ist.

Von den analytisch verwendbaren Trennungsmethoden der Gemenge ist das Filtrieren die am meisten angewandte, denn sie lässt sich am leichtesten ausführen und handhaben. Zwar ist die Trennung gasförmiger Stoffe von festen und flüssigen noch einfacher, fast ohne allen Apparat zu bewerkstelligen ; die Handhabung gasförmiger Stoffe ist aber wegen der Notwendigkeit, große und geschlossene Gefäße anzuwenden, weitaus unbequemer als die der flüssigen und festen Stoffe. Demgemäß sucht man bei der praktischen Analyse die Trennungen womöglich überall auf den Fall fester und flüssiger Phasen zurückzuführen. Als poröse Scheidewand können sehr mannigfaltige Materialien dienen; für uns kommt Papier und Asbest in Betracht. Die Poren können umso größer sein, je größer die Teilchen der festen Phase sind; wegen der dadurch bedingten größeren Filtrationsgeschwindigkeit wird man daher stets, soweit die andern Umstände es gestatten, auf die Erzielung möglichst grobkörniger Niederschläge hinarbeiten. Ein sehr wirksames Mittel, die Korngröße feiner Niederschläge zu vergrößern, besteht in der längeren Berührung derselben mit der Flüssigkeit, in welcher sie entstanden sind. Es folgt alsdann (und zwar umso schneller, je höher die Temperatur ist) ein Umkristallisieren, bei welchem die kleinsten Teilchen verschwinden, indem sich auf ihre Kosten größere Kristalle bilden. Bei amorphen Niederschlägen findet unter gleichen Umständen ein Zusammengehen zu größeren Flocken statt. Daher rührt die praktische Regel, die zu filtrierenden Niederschläge womöglich vorher längere Zeit in der Wärme in ihrer Flüssigkeit zu digerieren, bevor man mit dem Filtrieren beginnt.

Die Geschwindigkeit des Filtrierens hängt von der Größe der Poren, vom treibenden Druck und von der Temperatur ab, und zwar wächst sie mit allen drei Faktoren. Die Größe der Poren hängt nicht allein von der ursprünglichen Beschaffenheit der porösen Scheidewand, sondern in sehr hohem Maße von der des Pulvers ab. Sehr feine Niederschläge verengen die Poren der Scheidewand in erheblichem Maße und verzögern dadurch das Filtrieren, so dass auch aus diesem Grunde die Erzeugung möglichst grobkörniger Niederschläge geboten ist.

Als treibenden Druck wendet man gewöhnlich den der Schwere an. Man kann ihn steigern, indem man entweder die Höhe der unfiltrierten Flüssigkeit über dem Filter oder die der filtrierten Flüssigkeit unter dem Filter vermehrt. Das erste Verfahren ist technisch leichter ausführbar, lässt sich aber meist für die Analyse nicht wohl benutzen, da namentlich gegen Ende der Filtration die Flüssigkeit nicht in ausreichender Menge vorhanden zu sein pflegt. Das zweite Verfahren bedingt einen luftdichten Abschluss des Filterrandes gegen den untern Röhrenteil und erfordert in dieser Beziehung etwas Sorgfalt; es wird am einfachsten in der Gestalt ausgeführt, dass man den Hals des Trichters durch ein angesetztes Glasrohr verlängert.

Da der hydrostatische Druck nur von der Höhe der Flüssigkeit, nicht aber von ihrem Querschnitt abhängt, so ist es ratsam, das Verlängerungsrohr so schmal zu nehmen, als angängig. Eine Grenze ist in dieser Beziehung durch die Reibung der Flüssigkeit gegeben, welche der vierten Potenz des Röhrendurchmessers umgekehrt proportional ist; unter einige Millimeter Durchmesser wird man daher nicht herab- gehen. Eine größere Weite anzuwenden, ist dagegen nutzlos.

Eine weitere Steigerung des Filtrationsdruckes wird durch die Mitbenutzung des Luftdruckes erlangt. Auch hier gibt es die beiden Wege: Vermehrung des Druckes über dem Filter und Verminderung des Druckes darunter. Da für unsere Zwecke weit mehr die Zugänglichkeit des Filterinhaltes, als die des Filtrats von Belang ist, so wird der zweite Weg fast ausschließlich gegangen, und das Verfahren des Filtrierens mit vermindertem Druck ist insbesondere von Bunsen bis in seine letzten Einzelheiten ausgebildet worden und von täglicher Anwendung im Laboratorium.

Weiter kann der Filtrationsdruck noch auf mechanischem Wege durch Pumpen, Pressen und dergleichen beliebig vermehrt werden. So wichtig derartige Vorrichtungen für die Technik zur Bewältigung großer Mengen sind, so wenig kommen sie für die Analyse in Anwendung.

Endlich dient die Zentrifugalkraft in der S. 16 angegebenen Weise auch zur Beschleunigung des Filtrierens. Die Flüssigkeit wird hierbei nach außen geschleudert, während die feste Phase durch ein Sieb, ein Tuch, ein Filtrierpapier usw. zurückgehalten wird.

Als dritter Faktor für die Beschleunigung des Filtrationsgeschäftes kommt die Temperatur in Betracht. Da die Bewegung der Flüssigkeiten in den Poren des Filters durch ihre innere Reibung bedingt ist, so macht sich der sehr große Einfluss der Temperatur auf diese Eigenschaft auch hier geltend. So geht beispielsweise die innere Reibung des Wassers von 0° durch Erwärmen bis 100° auf weniger als ein Sechstel herunter. Daraus ergibt sich die Regel, so heiß zu filtrieren, als die Übrigen Umstände nur immer gestatten.

4. Das Auswaschen.

Nach Beendigung der eigentlichen Filtration ist die Trennung des festen Körpers vom flüssigen noch nicht vollständig, da *als Benetzung* des erstem eine Flüssigkeitsmenge zurückbleibt, welche der Oberfläche des benetzten Körpers annähernd proportional ist und daher sehr schnell mit der größeren Feinheit des Pulvers zunimmt. Dazu kommen noch die in den Zwischenräumen des Pulvers kapillar zurückgehaltenen Flüssigkeitsmengen. Um die Trennung vollständig zu machen, lässt man auf das Filtrieren noch das *Auswaschen* folgen, indem man mit einer passenden andern Flüssigkeit (in unserm Falle dient meist reines Wasser) die vorhandene verdrängt. Für die Theorie des Auswaschens kommen mehrere Umstände in Betracht, unter denen die Adsorptionserscheinungen, d. h. das Haften gelöster Stoffe an festen Oberflächen, die wichtigsten sind. Ferner haben manche Niederschläge Neigung, beim Auswaschen „durch das Filter zu gehen". Es rührt dies von der Eigenschaft *kolloider* Körper her, sich in reinem Wasser zu verteilen, während sie durch Salzlösungen in koaguliertem und daher filtrationsfähigem Zustand erhalten werden. Man hat daher für diesen Fall die empirische Kegel, nicht mit reinem Wasser, sondern mit der Lösung eines passenden Salzes auszuwaschen.

Die theoretische Erörterung aller dieser Erscheinungen wird an einer späteren Stelle erfolgen.

Die benetzenden und kapillar festgehaltenen Anteile der Auswascheflüssigkeit werden schließlich durch Verdampfen entfernt. Hierbei kommt in Betracht, dass der Dampfdruck benetzender dünnster Flüssigkeitshäutchen viel geringer ist als der derselben Flüssigkeit in freiem Zustande. Man muss daher mit der Temperatur weit über den Siedepunkt der Flüssigkeit gehen, um ihre letzten Anteile mit praktisch ausreichender Vollständigkeit zu entfernen, und zwar umso höher, je feiner das Pulver ist. Die höchsten Temperaturen erfordern kolloide Stoffe.

5. Theorie des Auswaschens.

Sei a die Menge der Flüssigkeit, welche nach dem Abtropfen bei dem auszuwaschenden Körper verbleibt, und m die Menge der jedes Mal hinzugesetzten Waschflüssigkeit, von welcher wir annehmen, dass sie jedes Mal mit dem Niederschlage gleichförmig vermischt wird, so wird nach dem Zugießen der Flüssigkeitsmenge m die Gesamtmenge der Flüssigkeit m + a sein, und die ursprüngliche Beimischung ist auf den (m + a)ten Teil verdünnt. Sei ferner x_0 die Konzentration des zu entfernenden Stoffes in der ursprünglichen Flüssigkeit, so ist seine absolute Menge nach dem ersten Abtropfen gleich ax_0; durch den Zusatz von m Waschflüssigkeit geht die Konzentration auf den Bruchteil $x_1 = \dfrac{a}{m+a} x_0$ herunter, und lässt man wiederum abtropfen, bis die Menge a der Flüssigkeit beim Niederschlage ist, so hat die absolute Menge auf $ax_1 = \dfrac{a}{m+a} ax_0$ abgenommen. Ein zweiter Zusatz von m Waschflüssigkeit ergibt die Konzentration $x_2 = \dfrac{a}{m+a} x_1 = \left(\dfrac{a}{m+a}\right)^2 x_0$ und die absolute rückständige Menge $ax_2 = \left(\dfrac{a}{m+a}\right)^2 ax_0$. In gleicher Weise geht es fort, und nach n Auswaschungen bleibt beim Niederschlage der Rückstand

$$ax_n = \left(\frac{a}{m+a}\right)^n ax_0.$$

Aus dieser Formel ergibt sich, dass für eine gleiche Anzahl n von Aufgüssen der Rest $a\,x_n$ umso kleiner wird, je kleiner der Bruch $\dfrac{a}{m+a}$ ist, d. h. je vollständiger man abtropfen lässt (wodurch a verkleinert wird) und je mehr Waschflüssigkeit man jedes Mal nimmt. Beträgt letztere z. B. das Neunfache der Benetzung, und ist das erste Mal 1 g fremden Stoffes beigemischt gewesen, so ist nach viermaligem Auswaschen nur noch $\left(\frac{1}{10}\right)^4$ g, d. h. 0,0001 g vorhanden.

Etwas anders gestaltet sich die Beantwortung der Frage, wie man mit einer *gegebenen Flüssigkeitsmenge* am besten auswäscht. Der Ansatz erfordert Differentialrechnung und soll hier unterbleiben; das Ergebnis ist, dass es vorteilhafter ist, viele Male mit kleinen Portionen Waschflüssigkeit, als wenige Male mit großen auszuwaschen.

6. Die Adsorptionserscheinungen.

Indessen stimmen die Ergebnisse dieser zuerst von Bunsen aufgestellten Rechnung keineswegs mit den Tat Sachen. Nach dem oben gemachten Überschlage müsste ein viermaliges Auswaschen mit dem Zehnfachen der im Filter verbleibenden Wassermenge unter gewöhnlichen Umständen stets vollauf genügend sein, während die Erfahrung lehrt, dass alsdann der Niederschlag noch keineswegs rein ist. Dieser Widerspruch rührt von der falschen Annahme her, dass die Menge der Verunreinigung beim Anrühren des Niederschlages mit der (m—1)-fachen Wassermenge und Abfiltrieren von m—1 Teilen wirklich auf den m-ten Teil zurückgeht. Dies ist nicht der Fall, und der Umstand, welcher bei dem obigen Ansatz unberücksichtigt geblieben war, liegt in der *Adsorption,* oder in der Eigenschaft der Berührungsflächen zwischen festen Körpern und Lösungen, dass daselbst die Konzentration des gelösten Stoffes eine andere, und zwar meist eine größere ist, als in der Übrigen Lösung. Hierdurch ist zunächst die Menge des gelösten Stoffes, welcher nach dem Abtropfen beim Niederschlage verbleibt, größer, als der Menge der anhaftenden Flüssigkeit entspricht; ferner aber ist die Menge, welche durch das jedesmalige Waschen entfernt wird, kleiner als nach der oben gemachten Annahme. Beide Ursachen führen dahin, das Auswaschen weniger wirksam zu machen, als oben angenommen wurde.

Die Gesetze der Adsorption brauchen hier nicht dargelegt zu werden. Nur so viel ist zu wissen nötig, dass die adsorbierte Menge der Oberfläche proportional und im Übrigen eine Funktion der Natur des festen und des gelösten Körpers, sowie der Konzentration des letztern ist. Über diese letzte Funktion ist zu sagen, dass bei gegebener Natur und Größe der Oberfläche die adsorbierte Menge nicht der Konzentration proportional ist, sondern langsamer abnimmt, als diese.

Um für die einfachste (aber nicht richtige) Annahme, dass die adsorbierte Menge der Konzentration der Lösung proportional ist[1], das Verhalten beim Auswaschen zu übersehen, setzen wir das Verhältnis zwischen der adsorbierten Menge x und der Konzentration der Lösung c gleich k, so dass die Beziehung besteht

$$c = kx.$$

Bringt man die Menge m der Waschflüssigkeit zu dem Niederschlag, auf welchem ursprünglich die Menge x_0 des gelösten Körpers adsorbiert sein soll, so wird die noch verbleibende Menge x_1 bestimmt sein durch

$$\frac{x_0 - x_1}{m} = kx_1,$$

indem die Menge $x_0 - x_1$ in Lösung gegangen ist und dort mit der Menge m des Lösungsmittels die Konzentration $\frac{x_0 - x_1}{m}$ ergeben hat. Fügt man nach völligem Ablaufen der Lösung von neuem die Menge m der Waschflüssigkeit hinzu, so ist der übrigbleibende Teil x_2 des adsorbierten Stoffes gegeben durch die analoge Gleichung

$$\frac{x_1 - x_2}{m} = kx_2.$$

Wird hieraus $x_1 = \frac{x_0}{km + 1}$ eliminiert, so folgt

$$x_2 = \frac{x_0}{(km + 1)^2}$$

und allgemein für ein n-maliges Auswaschen

$$x_n = \left(\frac{1}{km + 1} \right)^n x_0$$

Die Gleichung stimmt formal mit der S. 20 gegebenen überein, nur dass die Menge der Waschflüssigkeit m noch mit einem Koeffizienten k multipliziert ist. Das heißt, dass das Auswaschen unter Berücksichtigung der Adsorption denselben Verlauf nimmt, wie ohne diese, dass aber von der dort angenommenen Wirkung des Lösungsmittels nur ein Bruchteil zur Geltung kommt.

---

[1] Von der absoluten Menge des gelösten Körpers oder der Lösung kann die adsorbierte Menge nicht abhängen. Denn denkt man sich den auf dem festen Körper adsorbierten Stoff mit der Lösung im Gleichgewicht, so kann dies Gleichgewicht nicht dadurch gestört werden, dass man sich durch die Lösung an beliebiger Stelle eine Scheidewand gelegt und den außerhalb der Scheidewand gelegenen Teil der Lösung entfernt denkt.

Tatsächlich ist es nicht zulässig, dass man k als konstant für alle Verdünnungen annimmt. Vielmehr wird k mit steigender Verminderung der adsorbierten Menge schnell kleiner, und dadurch wird eine weitere Verringerung der Wirkung des fortdauernden Auswaschens hervorgebracht. Die praktische Erfahrung von der Schwierigkeit, die letzten Anteile der adsorbierten Stoffe auszuwaschen, lässt bereits auf ein derartiges Verhalten des Koeffizienten k schließen; auch haben unmittelbare Messungen des Verhältnisses zwischen der Konzentration der Lösung und der adsorbierten Menge das gleiche ergeben.

Bei der vorstehenden Rechnung ist keine Rücksicht auf die in den Poren des Niederschlages durch Kapillarwirkung zurückgehaltene Flüssigkeitsmenge genommen worden. Es ist leicht zu übersehen, dass beim Berücksichtigen dieser Anteile die Formel zwar etwas verwickelter, aber von gleichem Bau wie die gegebene ausfallen wird: die nachbleibende Menge der Verunreinigung vermindert sich stets in abnehmender geometrischer Reihe mit der Zahl der Auswaschungen. Auch die Regel, das Waschwasser in kleinen Anteilen aufzugießen und es jedes Mal völlig ablaufen zu lassen, bleibt unverändert in Kraft.

Adsorptionswirkungen werden nicht nur von den Niederschlägen ausgeübt, sondern auch von dem Filtriermaterial, speziell von der Zellulose des Filtrierpapiers. In Rücksicht auf den Zweck wird für dieses eine feinporöse Beschaffenheit angestrebt, welche für die Ausbildung erheblicher Adsorptionswirkungen sehr günstig ist. Bei der gewöhnlichen Anwendung des Filters kommt dies nur insofern in Betracht, als es die Anwendung kleiner und glatt anliegender Filter nahelegt, die man beim Auswaschen vollständig mit Wasser anfüllt, um auch die Ränder rein zu erhalten. Wichtig wird die Rücksicht auf diese Wirkungen aber in dem häufigen Falle, wo man eine trübe Lösung teilweise durch ein trockenes Filter abfiltriert, um in einem bestimmten Anteil der Gesamtflüssigkeit eine Gehaltsbestimmung auszuführen. *Alsdann sind die ersten durchlaufenden Tropfen stets wegzuschütten,* da sie infolge der Adsorption durch das Filtrierpapier von viel geringerer Konzentration sind als die übrige Flüssigkeit. Das Filter erreicht sehr schnell den Gleichgewichtszustand der Adsorption, und die später durchlaufende Flüssigkeit behält dieselbe Konzentration, die sie ursprünglich besaß.

Alkalische Flüssigkeiten zeigen diese Erscheinung besonders deutlich; in geringerem Maße Säuren und Neutralsalze.

7. Vergrößerung des kristallinischen Kornes.

Die S. 17 erwähnte Tatsache, dass feinpulvrige kristallinische Niederschläge beim Digerieren mit der Lösung, aus der sie entstanden sind, ein gröberes Korn erhalten, ist von sehr allgemeiner Beschaffenheit. Die Ursache ist darin zu suchen, dass an der Grenzfläche zwischen festen und flüssigen Körpern ebenso eine Oberflächenspannung besteht, wie an der Grenzfläche zwischen Flüssigkeiten und Gasen, der sogenannten freien Oberfläche der Flüssigkeiten. Diese Oberflächenspannung wirkt dahin, dass die Summe der vorhandenen Oberflächen möglichst verkleinert wird, was in unserm Falle nur durch Vergrößerung der einzelnen Kristalle bei gleichbleibender Gesamtmenge, d. h. durch Vergröberung des Kornes, zu erreichen ist.

Der Vorgang, durch welchen diese Umwandlung erreicht wird, beruht auf der etwas größeren Löslichkeit der kleinen Kristalle gegenüber den größeren. Dieser Unterschied scheint meist nicht sehr groß zu sein, kann aber unter Umständen ganz erhebliche Werte annehmen[2]. Aus den eben mitgeteilten Überlegungen bezüglich der Oberflächenspannung folgt, auf Grund der Energieprinzipien, dass er unter allen Umständen vorhanden sein muss. Durch diese verschiedene Löslichkeit der großen und kleinen Kristalle wird die Flüssigkeit beständig übersättigt in Bezug auf die großen Kristalle; die kleinen müssen sich daher auflösen, während die großen wachsen. Indessen ist dieser Einfluss nur bei sehr feinen Pulvern bedeutend und wird unmerklich gering, sowie sich das Korn etwas vergrößert. Eine Korngröße oberhalb der Porengröße des Filtrierpapiers, wie sie zur Verhinderung des „Durchgehens" des Niederschlages erforderlich ist, liegt bereits im unempfindlichen Gebiete.

Es kann noch die Frage aufgeworfen werden, wie sich die Sache bei *unlöslichen* Stoffen verhalte. Darauf ist zu antworten, dass es unlösliche Stoffe nicht gibt. Wir müssen grundsätzlich annehmen, dass *jeder Stoff löslich ist*. Der Betrag der Löslichkeit kann sehr verschieden sein, er kann aber nie gleich Null werden. In der Tat ist es gegenwärtig möglich, sogar bei Stoffen wie Chlor-, Brom- und Jodsilber die Löslichkeit nicht nur nachzuweisen, sondern auch zu messen.

Die Geschwindigkeit der Umwandlung ist von mehreren Umständen abhängig. Einmal wächst sie mit der Löslichkeit des Körpers. Dies ist so wesentlich, dass etwas löslichere Niederschläge, wie Magnesium-Ammoniumphosphat, meist schon grobkristallinisch ausfallen oder es in kurzer Frist werden. Dann pflegt die Umwandlung auch bei hoher Temperatur schneller zu verlaufen als bei niedrigerer. Dies liegt einer-

---

[2] Ostwald, Ztschr.f. physik. Chemie 34, 495(1900).—Hulett, ebenda 37, 395 (1901).

seits an der gesteigerten Löslichkeit, welche den meisten Stoffen bei höherer Temperatur eigen ist, sodann aber auch an der sehr viel größeren Diffusionsgeschwindigkeit des gelösten Stoffes, durchweiche der Transport von den Orten der Auflösung zu denen der Ausscheidung beschleunigt wird.

Die Erzeugung grobkristallinischer Niederschläge ist nicht nur wegen der geschwinderen Filtration anzustreben, sondern auch, weil sie reiner und leichter auszuwaschen sind, als sehr feine. Denn die Verunreinigung durch Adsorption ist der Oberfläche proportional, also umso kleiner, je gröber das Korn ist. Nur insofern ist hier eine Grenze gegeben, als größere Kristalle leicht Mutterlauge einschließen und auf diese Weise zu einer Verunreinigung gelangen, die durch Waschen überhaupt nicht zu entfernen ist. Doch tritt dieser Zustand bei analytisch in Betracht kommenden kristallinischen Niederschlägen, soviel bekannt, nicht ein.

8. Kolloide Niederschläge.

Manche amorphe Stoffe haben die Eigenschaft einer unbestimmten scheinbaren Löslichkeit in Wasser. Die Lösungen, welche sie bilden, unterscheiden sich von der gewöhnlichen und bilden tatsächlich sehr feine mechanische Aufschlämmungen oder Suspensionen. Aus diesen Gemengen werden die Stoffe durch verschiedene Ursachen wie Erhitzen, Zusatz fremder Stoffe, Eintrocknen abgeschieden; manche von ihnen verlieren dann die Fähigkeit, sich in Wasser wieder aufzulösen oder aufzuschlämmen, andere behalten sie bei. Durch stärkeres Erhitzen bis zum Glühen wird diese Fähigkeit jedoch wohl immer endgültig zerstört.

Solche amorphe Stoffe sind Eisenoxyd, Tonerde, Kieselsäure, die meisten Metallsulfide. Sie erscheinen bei der Analyse als gallertartige oder flockige Niederschläge und sind meist schlecht auszuwaschen, weil sie wegen ihrer Feinheit die Filter verstopfen und Neigung haben, nach einigem Auswaschen durchzugehen.

Die Neigung der Stoffe, kolloide oder Pseudolösungen zu bilden, ist ziemlich verschieden. Grundsätzlich lässt sich jeder feste Stoff in den kolloiden Zustand überfuhren, doch geschieht dies mit verschiedener Leichtigkeit. Für analytische Zwecke ist ein möglichst geringer Grad davon erwünscht.

Alle solche Stoffe werden durch Lösungen von Salzen gefällt; in gleichem Sinne, oft noch stärker, wirken Säuren und Basen, soweit sie nicht chemische Änderungen hervorrufen. Die Natur des Salzes hat insofern einen Einfluss, als die Salze zweiwertiger Metalle oder Säuren viel stärker wirken als die einwertigen, und ihrerseits von den Salzen dreiwertiger Metalle oder Säuren weit übertroffen werden. Welche von beiden wirksam sind, hängt von der Natur des Kolloids ab; solche von saurer Natur sind empfindlich gegen mehrwertige Basen und umgekehrt. Entfernt man die Salzlösung, oder verdünnt sie auch nur über ein gewisses Maß, so schlämmen sich viele gefällte Kolloidstoffe wieder auf; andere erfahren in gefälltem Zustande eine Veränderung, so dass sie geronnen bleiben. Das letztere ist wahrscheinlich der allgemeinere Fall, doch erfolgt bei vielen Stoffen der Übergang zu langsam, um bequem beobachtet und angewendet zu werden.

Da bei der Fällung solcher Stoffe zu analytischen Zwecken meist Salze, Säuren oder Basen zugegen sind, so erscheinen sie zunächst als Niederschläge; wird beim Auswaschen diese Lösung verdünnt, so tritt ein Zeitpunkt ein, wo wieder eine Pseudolösung entstehen kann. Dies erfolgt zuerst in den obern Schichten des Niederschlages. Die entstandene Pseudolösung wird dann meist beim Durchgang durch den Übrigen Niederschlag und das Filter mit konzentrierter Salzlösung in Berührung kommen, es tritt dort wieder in den Poren Fällung ein, und auf diese Weise werden die Poren verengt, und das Filter wird verstopft. Weiterhin geht dann die Pseudolösung auch durch das Filter, wird durch Vermischen mit der salzhaltigen Hauptlösung gefällt, und die Erscheinung des „Durchgehens" ist da.

Um dies zu vermeiden, muss man dafür sorgen, dass stets eine genügend konzentrierte Salzlösung mit dem Niederschlag in Berührung bleibt. Zu diesem Zweck wäscht man statt mit reinem Wasser mit einer Salzlösung aus. Da die Natur des Salzes von geringem Belang für den Zweck ist, wird man ein solches wählen, welches sich hernach möglichst leicht entfernen lässt, also ein flüchtiges, wie Ammoniumazetat. Muss die Lösung gekocht werden, wie bei der Abscheidung der Titansäure, so kann Ammoniumazetat wegen seiner Flüchtigkeit nicht benutzt werden; man nimmt dann Natriumsulfat.

In seltenen Fällen erhält man bei der Analyse kolloidfähige Stoffe in Lösungen, die keine Salze enthalten, z. B. wenn man eine reine Lösung von arseniger Säure mit Schwefelwasserstoff fällt. Alsdann entsteht überhaupt kein Niederschlag, sondern eine halbdurchsichtige Flüssigkeit, die unverändert durch das Filter geht. Um einen filtrierbaren Niederschlag zu erhalten, muss man ein Salz oder eine Säure hinzufügen, worauf je nach der Konzentration früher oder später die bekannten gelben Flocken sich bilden.

Ein zweiter Umstand, welcher günstig auf die Handhabung kolloider Niederschläge wirkt, ist höhere Temperatur. Manche Kolloidstoffe scheiden sich schon durch Erwärmen ihrer Pseudolösungen völlig aus;

alle gehen bei höherer Temperatur in dichtere, weniger leicht auf-
schlämm- bare Formen über. So wird Kieselsäure bei längerem Trocknen
auf dem Wasserbade unlöslich, und Tonerde filtriert sich weit leichter,
wenn man sie in gefälltem Zustand einige Stunden in der Hitze digeriert.

Die Adsorptionserscheinungen sind bei Kolloidstoffen infolge ihrer
äußerst feinen Verteilung sehr stark entwickelt und erschweren häufig
das Auswaschen dermaßen, dass es in angemessener Zeit nicht zu Ende
geführt werden kann. Auch diese Schwierigkeit wird durch alle Umstände
vermindert, welche ein Dichterwerden des Niederschlages bedingen.
Insbesondere sind anhängende Verunreinigungen nach dem Glühen des
Niederschlages gewöhnlich viel leichter auszuwaschen als vorher, da
durch die starke Erhitzung der höchste Grad der Verdichtung, zuweilen
sogar der Übergang in andere, wahrscheinlich kristallinische Formen
erreicht wird. Durch die Verdichtung erfolgt eine bedeutende Verminderung der Oberfläche, und damit ein Loslassen des größten Teils des
adsorbierten Stoffes. Ähnlich wirkt eine chemische Umwandlung; aus
Kobaltoxyd, das durch Kali gefällt ist, lässt sich letzteres nicht auswaschen, mit Leichtigkeit aber aus dem metallischen Kobalt, das man aus
ersterem durch Reduktion mit Wasserstoff hergestellt hat. Auf die beim
Glühen möglichen chemischen Vorgänge zwischen dem Niederschlag
und dem adsorbierten Stoff ist in derartigen Fällen stets gebührende
Rücksicht zu nehmen.

9. Dehantieren.

Eine noch einfachere Art der Trennung fester und flüssiger Stoffe, als
das Filtrieren, ist das Dekantieren. Man lässt beide Stoffe gemäß den
meist erheblichen Verschiedenheiten ihrer Dichten sich in zwei Schichten
trennen und entfernt dann die leichtere Flüssigkeitsschicht durch Ab-
gießen. Eine quantitative Trennung ist auf diesem Wege nicht ausführbar,
so dass dieses Verfahren in der Analyse nur als Beihilfe für die Filtrati-
onsarbeit zur Anwendung kommt, indem die abgesetzte Flüssigkeit durch
ein Filter gegossen wird, welches die mitgerissenen Teilchen des festen
Körpers zurückhält. Auch das Auswaschen kann auf gleiche Weise erfolgen, und man spart oft auf diesem Wege bei sehr feinen oder bei kolloiden Niederschlägen, die das Filter verstopfen, erheblich an Zeit. Stoffe,
welche durch das Filter gehen, setzen sich beim Dekantieren nicht ab; die
Ursache ist in beiden Fällen die gleiche, und ebenso die Abhilfe des
Übelstandes (vgl. S. 25).

Durch Zentrifugalwirkung kann das Absetzen sehr beschleunigt werden, indem dadurch die trennenden Druckunterschiede bis zu erheblichen Beträgen gesteigert werden können.

10. Trennung flüssiger Körper von flüssigen.

Trennungen von Gemengen zweier Flüssigkeiten können nur in Frage kommen, wenn diese sich nicht gegenseitig lösen. Nun sind allerdings strenggenommen alle Flüssigkeiten ineinander teilweise löslich, doch ist bei vielen Flüssigkeitspaaren die gegenseitige Löslichkeit gering genug, um praktisch außer Betracht bleiben zu können.

Die Sonderung gemengter Flüssigkeiten erfolgt durch Absitzenlassen, das gegebenenfalls durch Zentrifugalkraft beschleunigt werden kann, und darauffolgende mechanische Trennung mittels Abhebern oder bequemer mittels des Scheidetrichters. Die Trennung lässt sich umso leichter und vollständiger bewerkstelligen, je kleiner die Trennungsfläche beider Flüssigkeiten wird.

Analytisch wird diese Trennung beim „Ausschütteln" angewendet. Hierbei handelt es sich um einen Stoff, der in beiden Flüssigkeiten ungleich löslich ist und daher sich in einer von beiden konzentriert. Eine praktisch vollständige Trennung lässt sich nur durch Wiederholung des Verfahrens erreichen.

11. Trennung gasförmiger Körper von festen oder flüssigen.

Wegen des großen Unterschiedes der Dichten lassen sich gas- oder dampfförmige Körper von festen oder flüssigen außerordentlich schnell und leicht trennen, so dass man das Verfahren vielfach benutzt. Da nur verhältnismäßig wenig Stoffe bei gewöhnlicher Temperatur Gasgestalt haben, so wird die Trennung meist bei höherer Temperatur bewerkstelligt, und man gelangt zu den Operationen der Destillation und Sublimation. In diesem letztern Falle nimmt das Verfahren eine besonders handliche Gestalt an, indem die Stoffe nur vorübergehend in den Dampfzustand gelangen und alsbald wieder zu flüssigen oder festen Stoffen verdichtet werden. Dadurch erspart man die für Gase erforderlichen großen Räume, und indem man die Verdichtung des Dampfes in einem dazu bestimmten Gefäß erfolgen lässt, erlangt man eine sehr bequeme und nahezu vollständige Trennung. Ungeschieden bleibt nur der Anteil des Dampfes, welcher zum Schluss das Destilliergefäß anfüllt, doch kann man diesen durch Verdrängen mit einem andern Gase oder Dampfe gleichfalls fortschaffen.

12. Trennung verschiedener Gase.

Da alle Gase, soweit sie sich nicht chemisch beeinflussen, in allen Verhältnissen gleichteilige Phasen, d. h. Lösungen bilden, so tritt zwischen verschiedenen Gasen nie eine Grenzfläche auf, und eine unmittelbare Trennung eines Gasgemenges in seine Bestandteile ist auf mechanischem Wege nicht ausführbar. Eine teilweise Trennung erfolgt durch *Diffusion,* indem leichtere Gase sich im Allgemeinen schneller durch andere Gase sowie durch poröse Scheidewände bewegen, als schwerere. Doch gehört diese Operation unter die Scheidungen, durch welche Lösungen in ihre Bestandteile gesondert werden, und kann daher erst später erörtert werden.

Zweites Kapitel. Lösungen und reine Stoffe.

1. Unterscheidung beider Klassen.

Durch die eben beschriebenen Operationen und Kennzeichen kann man zunächst jedes vorgefundene Gemenge in seine Phasen oder gleichteiligen Anteile zerlegen. Die hierbei erhaltenen Produkte zerfallen ihrerseits in zwei große Klassen, die man *Lösungen* und *reine Stoffe* oder *Stoffe* kurzweg nennt.

Reine Stoffe sind solche Phasen, welche unabhängig von ihrem Vorkommen oder ihrer Entstehungsweise stets dieselben spezifischen Eigenschaften aufweisen, die bei verschiedenen Stoffen sprungweise voneinander verschieden sind. Ordnet man beispielsweise alle reinen Stoffe nach ihrer Dichte, so sind keineswegs alle möglichen Werte dieser Eigenschaft vertreten, sondern es kommt nur eine begrenzte (wenn auch ziemlich große, da die Anzahl der verschiedenen reinen Stoffe ziemlich groß ist) Anzahl von Werten vor, zwischen denen es keine Übergänge gibt. Es ist nicht unbedingt ausgeschlossen, dass nicht unter bestimmten Umständen zwei verschiedene Stoffe auch die gleiche Dichte haben könnten; sie haben aber im allgemeinen verschiedene Wärmeausdehnungen, und wenn man daher die Dichten bei irgend einer andern Temperatur vergleicht, so ergeben sie sich als verschieden.

Lösungen gibt es dagegen in unbegrenzt großer Anzahl und ihre Eigenschaften lassen sich in beliebig kleinen Abständen verändern. So kann man beispielsweise Kochsalzlösungen von jeder beliebigen Dichte zwischen der des reinen Wassers und 1.00 und der der gesättigten Lösung 1.22 herstellen, und ähnliches gilt für alle andern Lösungen.

Ferner verhalten sich Lösungen verschieden von den reinen Stoffen bei Zustandsänderungen. Während hier der Übergang vom festen zum flüssigen Zustande und ebenso der in den gasförmigen unter gegebenem Drucke vollständig bei einer und derselben Temperatur stattfindet, verhalten sich Lösungen derart, dass ihr Erstarrungspunkt beständig sinkt, je weiter die Erstarrung fortschreitet. Dies gilt für flüssige Lösungen; entsprechend verhalten sich die gasförmigen und die (verhältnismäßig selten vorkommenden) festen Lösungen.

Wenn man bei den Zustandsänderungen der Lösungen die während verschiedener Perioden des Vorganges austretenden Anteile mechanisch trennt, so kann man durch systematische Wiederholung dieses Verfahrens schließlich jede Lösung in zwei oder mehr Anteile zerlegen, welche nicht mehr die Eigenschaften von Lösungen, sondern die von reinen Stoffen haben. Umgekehrt kann man aus diesen Stoffen durch bloßes Zusammenbringen die ursprüngliche Lösung wieder herstellen. Eine jede Lösung ist daher gekennzeichnet, wenn man angibt, in welche reinen Stoffe, und nach welchen Verhältnissen dieser sie zerlegt werden kann, oder aus welchen reinen Stoffen und in welchem Verhältnis sie zusammengesetzt werden kann; beide Definitionen sind übereinstimmend. Daher macht die analytische Chemie niemals bei Phasen vom Charakter der Lösungen halt, sondern sie schreitet stets zu der Angabe vor, welches die Bestandteile der vorliegenden Lösung sind.

Es besteht somit nach der Trennung eines Gemenges in seine Phasen die nächste Aufgabe darin, festzustellen, ob die erhaltenen Phasen Lösungen oder reine Stoffe sind. Zu diesem Zwecke destilliert man sie, wenn es sich um flüchtige Flüssigkeiten handelt, oder man lässt sie erstarren, wenn eine hierzu fähige Flüssigkeit vorliegt. Geht die Umwandlung in den Dampfzustand oder in den festen bis zum letzten Rest bei konstanter Temperatur vor sich, so liegt (mit vereinzelten Ausnahmen, die alsbald erörtert werden sollen) ein reiner Stoff vor; andernfalls eine Lösung.

Feste Phasen werden derart geprüft, dass man beobachtet, ob sie bei konstanter Temperatur schmelzen oder nicht. So reinigt z. B. der Organiker seine Präparate durch wiederholte gebrochene Destillation oder Kristallisation, bis sie einen konstanten Siedepunkt bzw. Schmelzpunkt haben. Hierdurch hat er den Beweis erbracht, dass nunmehr seine Produkte reine Stoffe und nicht mehr Lösungen (oder Gemenge) sind.

Gase endlich prüft man dadurch, dass man feststellt, ob sie sich bei konstanter Temperatur und konstantem Drucke verflüssigen lassen, oder ob eineÄnderung des einen oder andern Wertes (unter Konstanthaltung des andern) mit der Zustandsänderung verbunden ist.

Wenn nicht besondere Fälle vorliegen, in denen unmittelbar die Kenntnis der Gesamtzusammensetzung einer Lösung bezüglich ihrer Elemente verlangt wird, muss somit der Analyse einer homogenen Phase, wie sie als solche vorliegt oder durch die Trennung eines Gemenges erhalten worden ist, die Prüfung vorausgehen, ob ein reiner Stoff oder eine Lösung vorliegt. Hat sich das letztere ergeben, so tritt die weitere Aufgabe auf, jede Lösung in ihre Bestandteile zu sondern.

Um aber diese Aufgabe lösen zu können, muss man zunächst die Kennzeichnung eines reinen Stoffes unzweideutig ausführen können.

2. Die Eigenschaften.

Jeder Stoff ist, wie angegeben, durch seine spezifischen Eigenschaften gekennzeichnet.

Wenn wir unter Eigenschaften alle Beziehungen verstehen, in welche die Phase zu unsern Sinnesapparaten und Messwerkzeugen gebracht werden kann, so sind zunächst für unsere Zwecke alle Eigenschaften auszuscheiden, welche willkürlich hervorgebracht und abgeändert werden können, wie die äußere Gestalt, Lage und Bewegung, die Beleuchtung, die äußeren elektrischen Zustände, die Temperatur und dergleichen. Ferner können zur Erkennung von bestimmten Phasen solche Eigenschaften nicht dienen, welche durch stoffliche oder chemische Änderungen nicht beeinflusst werden. Hierzu gehört insbesondere die *Masse* und das dieser proportionale *Gewicht* der Stoffe. Verwendbar sind somit nur Eigenschaften, welche sich mit der Beschaffenheit der Phasen ändern, aber nicht willkürlich an demselben Stoffe geändert werden können. Wir haben sie *spezifische* Eigenschaften genannt.

Jede Eigenschaft kann zahlenmäßig definiert werden und kann zwischen den Grenzen ihrer Werte eine unendliche Mannigfaltigkeit von Einzelfällen aufweisen. Diese Unendlichkeit schränkt sich aber praktisch auf eine endliche Anzahl von unterscheidbaren Stufen ein, da die Hilfsmittel zur Bestimmung der Wertzahlen stets nur von endlicher Genauigkeit sind. Der Fortschritt der Messkunst bedingt eine beständige Erweiterung der Anzahl unterscheidbarer Stufen, ohne dass je die theoretische Unendlichkeit erreicht wird.

Die zu analytischen Zwecken dienenden Eigenschaften kann man in die beiden Gruppen der *Zustands-* und der *Vorgangseigenschaften* einteilen. Erstere haften dem Stoffe beständig an und sind jederzeit ohne weitere Vornahme der Beobachtung und Messung zugänglich. Hierhergehören z. B. die Formart oder der Aggregatzustand, die Farbe, die Dichte usw. Andere Eigenschaften machen sich erst geltend, wenn man den Stoff unter besondere Bedingungen bringt, die von den gewöhnlich vorhandenen verschieden sind. Hierdurch werden Änderungen des Zustandes hervorgerufen, oder Vorgänge veranlasst, welche für die vorhandenen Stoffe charakteristisch sind. Es liegt in der Natur der Sache, dass die zweite Gruppe von Eigenschaften die weitaus größere und mannigfaltigere ist; demgemäß spielen die Vorgangseigenschaften oder *Reaktionen* eine weit ausgedehntere Rolle in der analytischen Chemie, als die Zustandseigenschaften.

3. Reaktionen.

Reaktionen werden durch Änderungen hervorgerufen, welche man an den Bedingungen bewerkstelligt, unter denen das Objekt besteht. Solche Änderungen kann man in physikalische und chemische einteilen. Die wichtigste physikalische Änderung, die für uns in Frage kommt, ist die der

Temperatur, und das Verhalten der Stoffe beim Erhitzen hat von jeher eines der gebräuchlichsten analytischen Hilfsmittel ergeben. Andere physikalische Änderungen, wie die des Druckes, des elektrischen Zustandes, kommen viel seltener in Frage. Sehr viel mannigfaltiger sind die *chemischen* Änderungen, welche man in den Existenzbedingungen eines gegebenen Stoffes hervorzubringen vermag. Es geschieht dies im Allgemeinen dadurch, dass man ihn mit andern Stoffen in Berührung bringt. Die Berührung ist am vollkommensten zwischen zwei Gasen oder zwei sich lösenden Flüssigkeiten, unvollkommener zwischen zwei nicht ineinander löslichen Stoffen und am unvollkommensten zwischen festen Körpern. Daraus geht hervor, dass für den vorliegenden Zweck der flüssige Zustand bei weitem der geeignetste ist, zumal die wenigsten Stoffe sich in den gasförmigen Zustand überführen lassen; das Bestreben des analysierenden Chemikers ist daher, sowie es sich um die Hervorbringung chemischer Reaktionen handelt, in erster Linie au! die Hervorrufung des flüssigen Zustandes, entweder durch Schmelzung oder durch Auflösung, gerichtet.

Im Wesen führt die Erkennung von Stoffen durch Reaktionen oder Vorgangserscheinungen auf die Erkennung durch Zustandseigenschaften zurück, nur dass diese nicht mehr dem ursprünglichen Stoff, sondern dem durch die Reaktion geänderten oder umgewandelten zukommen. Nehmen wir beispielsweise wahr, dass ein flüssiger Stoff auf Zusatz eines andern einen Niederschlag bildet, so beruht die Beobachtung darin, dass unter den neuen Bedingungen ein Stoff von fester Formart entsteht. Ähnliches lässt sich für alle Reaktionen sagen, so dass die Erörterung des Wesens der Zustandseigenschaften für beide Gruppen von Bedeutung ist.

4. Die Abstufung der Eigenschaften.

Es wurde bereits hervorgehoben, dass grundsätzlich jede Zustandseigenschaft zur Erkennung der Stoffe benutzt werden kann. Die Unterscheidung verschiedener Stoffe beruht stets auf quantitativen Verschiedenheiten der fraglichen Eigenschaft. Nun ist aber die Ermittlung solcher Verschiedenheiten je nach der Natur derselben eine Aufgabe von sehr verschiedener Schwierigkeit, und am besten dienen Eigenschaften, deren Unterschiede sich möglichst schnell und leicht feststellen lassen. Als solche sind in erster Linie die *Formarten*[3]*,* in zweiter die *Farben* der Stoffe

---

[3] An stelle des langen und eine unnötige Bezugnahme einschließenden Wortes „Aggregatzustand" soll das Wort „Formart" (d. h. Art der Form eines Körpers, oder Art, wie er sich unter gegebenen Bedingungen formt) allgemein benutzt werden.

zu nennen. Ob ein Stoff fest, flüssig oder gasförmig ist, und welches seine Farbe ist, lässt sich meist mit einem Blick ermitteln; diese Eigenschaften kommen also für die Erkennung der Stoffe in erster Linie in Betracht.

Zwischen den drei Formarten sind bekanntlich Übergangs- oder Zwischenstufen vorhanden; von diesen kommen für uns aber nur wenige in Frage. Der stetige Übergang zwischen dem gasförmigen und dem flüssigen Zustand erfolgt bei Drucken, die höher sind, als der kritische. Da aber die kritischen Drucke der Stoffe sich rund zwischen 25 und 100 Atmosphären bewegen, so fallen diese Übergangszustände aus den bei analytischen Operationen vorkommenden Zuständen heraus. Wichtiger sind die Übergänge zwischen dem festen und dem flüssigen Zustande. Diese sind entweder plötzlich, wie beim Schmelzen des Eises, oder stetig, wie beim Schmelzen des Glases. Der zweite Fall tritt ein, wenn der feste Körper amorph ist, der erste ist kristallinischen Stoffen eigentümlich.

Diese Übergangszustände lassen sich durch den Augen schein unter Zuhilfenahme einfachster Beeinflussungen, wie Bewegen des Gefäßes, noch in einige Stufen zerlegen: man kann leichtbewegliche, flüssige, schwerflüssige, zähe und feste Stoffe unterscheiden, doch mehr als vier oder fünf Stufen oder Grade lassen sich ohne Benutzung weiterer Hilfsmittel nicht charakterisieren.

Bei festen Körpern lässt sich noch häufig der amorphe Zustand von dem kristallinischen unterscheiden, insbesondere, wenn Bruchflächen größerer Stücke vorliegen: amorphe Stoffe zeigen muscheligen Bruch und gekrümmte Flächen, während kristallinische Körper einen Bruch zeigen, der aus größeren und kleineren ebenen Flächen besteht. An pulverförmigen Stoffen lässt sich der Unterschied mit bloßem Auge nicht sicher feststellen; hier hat die Lupe oder das Mikroskop einzutreten.

5. Die Kristallgestalt.

Die regelmäßige Gestalt oder *Kristallform,* welche viele feste Stoffe, sowohl natürlich vorkommende, wie künstlich hergestellte zeigen, dient gleichfalls vielfach zur Erkennung. In der Lehre von den natürlich vorkommenden Stoffen der unbelebten Welt oder der Mineralogie ist die Kristallgestalt sogar eines der wichtigsten Erkennungsmittel, da die Stoffe unter den Bedingungen ihrer Entstehung sich meist in mehr oder weniger gut ausgebildeten Kristallen abgesondert haben. Die künstlich hergestellten Stoffe zeigen dagegen gute kristallinische Ausbildung verhältnismäßig selten, so dass dies Erkennungszeichen unter den gewöhnlichen Umständen hier seine Bedeutung verliert.

Lässt man indessen die Stoffe unter bestimmten Bedingungen in sehr kleinen Mengen den festen Zustand annehmen, so entstehen meist Kristalle, welche scharf und charakteristisch ausgebildet sind, und daher eine Erkennung gestatten. Die Kristalle sind alsdann aber sehr klein und müssen zum Zweck ihrer Erkennung unter dem Mikroskop betrachtet werden. Während früher dies Verfahren nur gelegentlich Anwendung fand, hat es gegenwärtig durch die Bemühung verschiedener Forscher einen hohen Grad der Ausbildung erlangt. Indessen handelt es sich bei der mikroskopischen Analyse fast ausnahmslos nicht um die unmittelbare Erkennung der vorhandenen Stoffe, sondern es werden diese meist erst in bestimmte andere umgewandelt, deren Kristallform von besonders charakteristischer Beschaffenheit ist. Insofern gehören die Hilfsmittel der mikroskopischen Analyse fast alle zu den *Reaktionen,* und fallen daher unter die folgenden Kapitel.

6. Farbe und Licht.

Die Farbe der Stoffe ist ein Kennzeichen von sehr mannigfacher Anwendbarkeit. Durch den Umstand, dass verhältnismäßig kleine Unterschiede in der *Zusammensetzung* des zurückgeworfenen Lichtes vom Auge als Unterschiede der *Farbe* empfunden werden, wird jene quantitative Verschiedenheit in eine Reihe von zwar stetig verbundenen, *aber qualitativ* verschieden empfundenen Stufen verwandelt, welche es gestatten, eine große Anzahl zu unterscheidender Arten der Farberscheinung auseinander zu halten und zu Erkennungswecken zu verwenden. Hierbei muss nur im Auge behalten werden, dass im Allgemeinen die Oberflächen farbiger Stoffe uns ein Gemenge von zwei verschiedenen Lichtarten zustrahlen: das durch Absorption gefärbte, mehr oder weniger aus dem Innern kommende, und das durch Oberflächenreflexion zurückgeworfene, im Allgemeinen ungefärbte Licht. Das Verhältnis zwischen beiden hängt von mehreren Umständen, insbesondere dem Grade der Zerteilung und von dem Unterschiede zwischen dem Brechungskoeffizienten des Stoffes und seiner Umgebung ab. Je nach der Menge des weißen Oberflächenlichtes kann die Farbe eines Körpers sich zwischen Weiß und einem sehr tiefen Farbton bewegen, der sich häufig dem Schwarz nähert; im allgemeinen ist daher bei den Angaben über die Farbe eines Körpers noch eine Bestimmung des Zustandes (kompakt, pulverförmig, in einer Flüssigkeit aufgeschwemmt) erforderlich, in welchem die Farbe zu beobachten ist. Die meisten Angaben, die für die analytische Chemie in Betracht kommen, gelten für pulverförmige Körper, die in Wasser aufgeschlämmt sind, wie sie als Niederschläge bei chemischen Reaktionen erhalten werden.

Neben den durch Beleuchtung mit weißem Tageslicht auftretenden Körperfarben gibt es noch eine andere Farberscheinung, welche für die analytische Chemie in Betracht kommt: die *farbigen Flammen.* Solche entstehen, wenn in möglichst nichtleuchtende Flammen, wie die des Bunsenbrenners oder des brennenden Alkohols, gewisse Stoffe gebracht werden, welche in der Flamme verdampfen und alsdann Licht aussenden, welche aus einer begrenzten Zahl von Strahlengattungen besteht und daher bestimmte Farben zeigt. In ihrer einfachsten Form wird diese Erscheinung mit unbewaffnetem Auge auf ihre Farbe allein beobachtet; sie erlangt aber alsbald einen weit größeren Grad von Mannigfaltigkeit, wenn man mittels eines Spektralapparates die Lichtbestandteile solcher Flammen räumlich auseinanderlegt, und wird alsdann eines der ausgiebigsten und sichersten Hilfsmittel zur Erkennung der Stoffe, welche die Erscheinung der farbigen Flammen zeigen. Die Technik der Erzeugung farbiger Flammen ist in neuerer Zeit insbesondere von E. Beckmann ausgebildet worden.

Außer den eben genannten augenfälligen Eigenschaften können noch viele andere zur Erkennung der Stoffe dienen; sie stehen ihnen aber alle in Bezug auf die Schnelligkeit und Leichtigkeit der Ermittlung weit nach und kommen daher praktisch nur unter besondern Umständen in Frage.

Drittes Kapitel. Scheidung der Lösungsbestandteile.

1. Allgemeines.

Um eine Lösung in ihre Bestandteile zu scheiden[4], ist erforderlich, sie unter solche Bedingungen zu bringen, unter denen sie sich in verschiedene Phasen sondert.

Das allgemeinste Mittel hierfür ist eine Änderung der *Temperatur* und des *Druckes.* Durch diese Änderungen werden nämlich die Lösungen veranlasst, *neue Phasen* zu bilden, welche im Allgemeinen die Bestandteile in anderm Verhältnis enthalten, als die ursprüngliche Lösung. Indem man die neue Phase von dem Rest der ursprünglichen Lösung abtrennt, hat man bereits eine beginnende Scheidung der Bestandteile bewirkt, und indem man derartige Phasenneubildungen systematisch wiederholt, gelangt man schließlich dazu, die Scheidung soweit zu führen, als man es für notwendig erachtet.

Von den beiden genannten Mitteln ist die Änderung der Temperatur, durch welche man einerseits feste Stoffe flüssig und gasförmig, flüssige gasförmig macht, anderseits die umgekehrten Änderungen hervorruft, bei weitem das allgemeiner angewendete. Dies beruht nicht nur darauf, dass sich experimentell eine Erhöhung oder Erniedrigung der Temperatur von der der Umgebung aus leichter hervorbringen lässt, als eine Änderung des Druckes, welche luftdicht geschlossene Gefäße erfordert. Sondern die Temperaturänderung ist vermöge eines glücklichen Zufalles auch bei weitem das wirksamere Mittel hierfür. Denn wenn auch beim Übergang von Flüssigkeit in Dampf und umgekehrt sich die Änderung des Druckes mit der der Temperatur annähernd als gleichwertig erweist, so liegt doch beim Übergange fest-flüssig und umgekehrt die Sache so, dass die allergrößten Änderungen des Druckes, die wir mit den entwickeltsten Hilfsmitteln herstellen können, nur sehr wenige bei gewöhnlicher Temperatur flüssige Stoffe fest (oder umgekehrt) machen können, während wir durch Änderung der Temperatur gegenwärtig alle festen Stoffe flüssig und alle flüssigen fest machen können. Insbesondere ist durch die flüssige Luft das Gebiet der tiefsten, und durch den elektrischen Strom das Gebiet der höchsten Temperaturen experimentell so leicht zugänglich geworden, dass die analytischen Möglichkeiten, die hierdurch gegeben sind, noch lange nicht so ausgiebig Benutzung gefunden haben, als sie sie verdienen.

---

[4] Ich gebrauche das Wort Scheidung für die Herstellung von Bestandteilen aus einer einzigen, gleichteiligen Phase, während das Wort Trennung für die Absonderung bereits vorhandener verschiedener Phasen voneinander benutzt worden ist.

2. Theorie der Destillation.

Allgemein gesprochen ist jedem festen oder flüssigen Stoff die Fähigkeit zuzuschreiben, bei jeder Temperatur in Gasgestalt überzugehen, doch tritt dieser Vorgang in messbarer Weise nur bei einem Teil der Stoffe und oberhalb gewisser, jedem Stoff eigener Temperaturgrenzen auf. Das Gesetz dieses Überganges ist einfach und ganz allgemein: Die Vergasung (oder Verdampfung) erfolgt so lange, bis das Gas (der Dampf) an der Oberfläche des verdampfenden Körpers eine bestimmte Konzentration erreicht hat, die nur von der Natur des letztem und von der Temperatur abhängig ist. Die letztere Abhängigkeit ist derart, dass ausnahmslos mit steigender Temperatur diese charakteristische Konzentration zunimmt.

Gewöhnlich wird das fragliche Gesetz so ausgesprochen, dass zu jeder Temperatur ein bestimmter *Druck* des Dampfes gehört. Dann muss für den Fall, dass noch andere Gase zugegen sind, als in Betracht kommender Druck der *Teildruck* des fraglichen Dampfes angegeben werden. Diesen kann man aber im Gemenge nicht anders bestimmen, als indem man das Mengenverhältnis zwischen dem Dampf und den andern Gasen ermittelt und nach Division mit den entsprechenden spezifischen Gewichten den Gesamtdruck im Verhältnis der so gefundenen Zahlen teilt. Diesem Verfahren gegenüber hat die gegebene Definition den Vorzug weit größerer Einfachheit, da die Messung der Konzentration nur die Kenntnis der Menge und des Volums erfordert; auch fallen einige begriffliche Schwierigkeiten bezüglich des Teildruckes fort.

Zu betonen ist, dass es bei diesem Gesetz nur auf die Konzentration, bzw. den Teildruck *des Dampfes selbst* ankommt. Ob in dem Kaum andere Gase oder Dämpfe anwesend sind, hat auf das Gleichgewicht keinen (oder nur einen sekundären, hier nicht in Betracht zu ziehenden) Einfluss.

Da der Siedepunkt vom äußern Druck abhängt, so kann man seine häufig wünschenswerte Erniedrigung erzielen, indem man den Druck herabsetzt. Zu diesem Zwecke wird der Destillierapparat luftdicht zusammengesetzt und vor der Destillation luftleer gepumpt. Das gleiche Ziel erreicht man, da es auch hier nur auf den Teildruck ankommt, durch Beimischung eines andern Gases oder Dampfes, also durch Verdampfung in einem Gas- oder Dampfstrom. Welchen von beiden man wählt, hängt von den Umständen ab. Soll das Destillat gesammelt werden, so verdient ein Dampfstrom immer den Vorzug, da die Verdichtung vermengter Dämpfe ohne Verlust erfolgen kann, während ein beigemischtes Gas stets so viel von dem flüchtigen Stoff mitnehmen wird, als seinem

Volum und dem Dampfdruck des letztern bei der Temperatur des Kühlers entspricht. Soll das Destillat nicht gesammelt werden, so hat ein Gasstrom wegen bequemerer Anwendung häufig Vorteile.

Die Menge des flüchtigen Körpers, welche vom Gasstrom mitgenommen wird, ist seinem Dampfdruck bei der Temperatur der Destillation und dem Volum des mitnehmenden Gases proportional. Ist B der Barometerstand und p der Dampfdruck bei der fraglichen Temperatur, so stehen die Volume v und V der beiden Anteile im Gasgemisch im Verhältnis der Teildrucke $\frac{B}{B-p}$, und wir haben das Dampfvolum v des zu destillierenden Körpers, bezogen auf den Luftdruck B, zu $v = V\frac{B}{B-p}$; wird dieser Wert mit der Dampfdichte multipliziert, so ergibt sich das Gewicht der überdestillierten Menge.

3. Destillation flüssiger Lösungen.

Zwei Flüssigkeiten lösen sich entweder gar nicht, teilweise oder vollständig und in allen Verhältnissen. Der erste Fall ist als theoretisch unwahrscheinlicher Grenzfall anzusehen, welcher aber praktisch oft nahe genug erreicht wird. Die Theorie der Destillation nicht löslicher flüchtiger Flüssigkeiten ist in den eben dargelegten Verhältnissen des Verdampfens in einem Gasstrome schon gegeben, von dem sie nur ein Einzelfall ist. Nur ist hier die Verdampfungstemperatur nicht mehr beliebig, wie dort, sondern ist durch den Siedepunkt jeder der beiden Flüssigkeiten bei dem Teildrucke des zugehörigen Dampfes gegeben; diese beiden Siedepunkte sind notwendig identisch und liegen unterhalb der Siedetemperatur des leichter siedenden Stoffes, da dessen Teil druck notwendig kleiner ist, als der Gesamtdruck oder der äußere Luftdruck.

Das Mengenverhältnis der gemeinsam destillierenden Stoffe ist in diesem Falle konstant, solange beide Stoffe in der Blase vorhanden sind. Sind p_1 und p_2 die beiden Teildrucke, d_1 und d_2 die Dampfdichten, so stehen die Gewichtsanteile m_1 und m_2 in dem Verhältnis $\frac{m_1}{m} = \frac{p_1 d_1}{p_2 d_2}$.

Ganz dieselben Gesetze gelten, wenn einer der beiden Stoffe ein fester, in dem andern nicht löslicher Körper ist.

Im gemeinsamen Destillat lassen sich beide Stoffe ohne weiteres trennen, da sie nach der Voraussetzung nicht löslich sind. Die Destillation erscheint also in diesem Falle zwecklos. In der Tat wird sie auch nur als Ersatz des im vorigen Paragraphen erörterten Destillierens im Gas oder

Dampfstrom angewendet, um einen flüchtigen Stoff von vorhandenen nichtflüchtigen zu scheiden.

Sind beide Flüssigkeiten teilweise löslich, derart, dass sich etwas von der ersten in der zweiten auflöst, und umgekehrt, dass aber beide Lösungen sich nicht vermischen, so bleiben die eben entwickelten Gesetze noch teilweise in Geltung. Zunächst ist zu betonen, dass beide Lösungen den gleichen Dampfdruck in Bezug auf beide Bestandteile haben. Beim Destillieren erhält man also ein konstant bleibendes Verhältnis beider Stoffe, solange noch zwei Schichten in der Retorte vorhanden sind; das Destillat wird sich in der Vorlage oft wieder in zwei getrennte, gegenseitig gesättigte Lösungen sondern. Eine weitergehende Trennung lässt sich also durch eine solche Destillation nicht bewerkstelligen, und der Fall kommt für die Analyse nicht in Betracht.

Sondert man aber die beiden nicht mischbaren Anteile, A mit etwas B, und B mit etwas A, und destilliert beide für sich, so kann man allerdings eine weitere Trennung bewerkstelligen. Dieses Verfahren gehört aber unter den Fall der Destillation homogener Lösungen, zu dem wir jetzt übergehen wollen.

Bei Lösungen flüchtiger Stoffe ist der gemeinsame Dampfdruck immer niedriger, als die Summe der Teildrucke der Bestandteile bei derselben Temperatur. Dies rührt daher, dass in jedem Falle der Dampfdruck eines flüchtigen Stoffes durch Auflösen eines andern abnimmt.

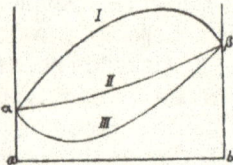

Das Verhalten der Lösungen beim Destillieren lässt sich am besten übersehen, wenn man sich ihren gemeinsamen Dampfdruck als Funktion der Zusammensetzung aufgezeichnet denkt. Es stelle am Anfang der Koordinaten die Ordinate a α den Dampfdruck der ersten, am Ende die Ordinate b ß den Dampfdruck der zweiten Flüssigkeit dar, so werden die Dampfdrucke aller Lösungen aus beiden, die man je nach ihrer Zusammensetzung zwischen a und b aufträgt, eine stetige Kurve bilden, welche einem der drei Typen I, II, III entspricht. Es wird mit andern Worten entweder eine Lösung geben, deren Dampfdruck höher als der aller andern ist (Kurve I), oder, eine Lösung mit niedrigstem Dampfdruck (III), oder endlich werden die Dampfdrucke zwischen den beiden Endwerten ohne Maximum oder Minimum verlaufen (II). Im ersten Falle liegen die Siedepunkte der Lösungen unterhalb der mittleren Werte, und es gibt eine Lösung mit niedrigstem Siedepunkt: im Falle III gibt es eine Lösung mit höchstem Siedepunkt, und im Falle II liegen alle Siedepunkte der Lösungen zwischen denen der Bestandteile. Nun gilt der Satz, dass bei der Lösung, welche den höchsten oder den niedrigsten Siedepunkt besitzt, der Dampf dieselbe Zusammensetzung haben muss, wie die Flüssigkeit selbst. Somit verhalten sich solche Lösungen wie reine Stoffe und lassen sich durch Destillation nicht scheiden. Daraus geht hervor, dass man Lösungen solcher Flüssigkeiten, welche dem Typus I oder III angehören, durch Destillation nur in die „ausgezeichnete" Lösung vom höchsten oder niedrigsten Siedepunkt und diejenige reine Flüssigkeit, welche in Bezug auf diese Lösung im Überschuss vorhanden ist, überführen kann; eine weitere Trennung ist auf diesem Wege unmöglich[5].

Dagegen lässt sich im Falle II eine mehr oder weniger vollständige Trennung erzielen. Bringt man eine beliebige Lösung solcher Flüssigkeiten zum Sieden, so wird der Dampf ein anderes Verhältnis beider Bestandteile aufweisen, als es in der Flüssigkeit vorliegt, und zwar wird seine Zusammensetzung im Sinne des Aufsteigens längs der Kurve von der der Flüssigkeit verschieden sein. Im Destillat findet also eine Anreicherung in Bezug auf den einen Bestandteil statt, welche umso weiter geht, je steiler die Dampfdrucklinie verläuft. Durch Wiederholung der Destillation mit dem ersten Anteil des Destillats wird die Trennung weitergeführt, und man gelangt so stufenweise zu einer Ansammlung der leichter flüchtigen Flüssigkeit in den Destillaten und der schwerer flüchtigen in den Rückständen.

Diese Wiederholung der Destillation lässt sich automatisch ausführen, wenn man den Dampf der Flüssigkeit teilweise verdichtet, und die nachströmenden Dämpfe zwingt, durch diesen verflüssigten Anteil zu streichen. Zu diesem Zweck sind mannigfaltige Destillationsaufsätze konstruiert worden, auf deren Beschreibung hier nicht eingegangen werden soll, zumal das Verfahren der fraktionierten Destillation nur zu annähernden, selten aber zu quantitativen Trennungen benutzt werden kann. Sollen solche erzielt werden, so bleibt nichts übrig als der Weg der chemischen Umwandlung, durch welche einer der Stoffe in den festen oder den nichtflüchtigen Zustand übergeführt wird. Der gleiche Weg ist für die Trennung der Lösungen von konstantem Siedepunkt (S. 40) zu beschreiten.

---

[5] Man hat solche konstant siedende Lösungen häufig als chemische Verbindungen angesehen, doch mit Unrecht. Dass sie solche nicht sind, geht schon daraus hervor, dass ihre Zusammensetzung stetig mit dem Druck veränderlich ist, unter welchem man sie destilliert.

4. Fraktionieren durch Schmelzen.

Die festen Lösungen, wie sie namentlich durch das Zusammenkristal-
lisieren isomorpher und symmorpher Stoffe entstehen, folgen ganz ähnlichen Gesetzen, wie sie eben für die Beziehungen zwischen Siedepunkt
und Zusammensetzung dargelegt worden sind, nur dass an die Stelle des
Siedepunktes der Schmelzpunkt tritt. Auch hier verlaufen die Schmelz-
temperaturen der Lösungen stetig zwischen denen der Endglieder (der
reinen Stoffe oder der gesättigen Lösungen), nur im umgekehrten Sinne,
indem der Schmelzpunkt eines jeden reinen Stoffes durch den Zusatz
eines andern *erniedrigt* wird.

Es ist indessen an dieser Stelle nicht erforderlich, die Verhältnisse
eingehender darzulegen, da sie noch nicht die Grundlage irgendeines
analytischen Verfahrens bilden. Auch zu mehr qualitativen Reinigungs-
zwecken verwendet man nicht das Verfahren der fraktionierten Schmelzung, sondern das der fraktionierten Lösung, bzw. Kristallisation. Wir
wenden uns daher allgemein zum Verfahren der Scheidung durch Lösung.

5. Scheidung durch Lösung.

Dieses Scheidungsverfahren ist dem der Destillation ziemlich ähnlich,
indem der Zustand gelöster Stoffe (insbesondere in verdünnter Lösung)
weitgehende Analogien mit dem gasförmigen Zustande hat. Das Lösungsmittel spielt hierbei eine ähnliche Rolle, wie der Raum bei Gasen,
indem seine Anwesenheit die Entstehung der Lösung ebenso ermöglicht,
wie das Vorhandensein eines Raumes, in den sich die Dämpfe ausbreiten
können, deren Entstehung. Auch sind beide Zustände sehr ähnlichen
allgemeinen Gesetzen unterworfen, von denen später einige angegeben
werden sollen.

Die Ausführung solcher Scheidungen beruht darauf, dass man das
Objekt mit einem geeigneten Lösungsmittel zusammenbringt, in welchem
die zu scheidenden Bestandteile möglichst verschiedene Löslichkeit
haben. Aus den bereits erwähnten Gründen kommen hierbei in erster
Linie *flüssige* Lösungsmittel in Betracht. Den Fall gasförmiger Lösungen
haben wir bereits im Anschluss an die Theorie der Destillation erledigt.
Dort waren die Verhältnisse besonders einfach, denn da für Gase und
Dämpfe das Gesetz der Teildrucke gilt, demzufolge sich ein jedes einzelne so verhält, als seien die andern gar nicht anwesend, so konnte man
andere Gase und Dämpfe benutzen, um sich die Herstellung eines besonderen Vakuums zu ersparen. Denn vermöge jenes Gesetzes verhält

sich ein jedes fremde Gas dem gegebenen gegenüber wie ein leerer Raum.

So einfach sind bei flüssigen Lösungen die Verhältnisse allerdings nicht, was die quantitativen Gesetze anlangt, wohl aber besteht eine grundsätzliche Ähnlichkeit. Dem Dampfdrucke (oder genauer der Dampfkonzentration) der Stoffe entspricht ihre Löslichkeit, und daher beruht die praktische Scheidung durch Lösung darauf, dass man das betreffende Gebilde mit einem Lösungsmittel behandelt, dem gegenüber sehr bedeutende Unterschiede der Löslichkeit seitens der zu scheidenden Stoffe bestehen. Dann geht der lösliche Anteil in das Lösungsmittel über, während der schwer- bzw. unlösliche zurückbleibt, und die Trennung kann durch Filtration oder ein ähnliches Verfahren vollzogen werden.

Diese Methode ist sowohl auf Gemenge, wie auf Lösungen anzuwenden. In sehr vielen Fällen lassen sich nämlich Gemenge durch mechanische Mittel nur unvollkommen oder gar nicht in ihre Anteile trennen; alsdann kann eine Scheidung durch die Auflösung eines Anteiles die Arbeit sehr erleichtern, oft auch erst möglich machen. Ganz dasselbe Verfahren findet aber auch auf Lösungen (feste, flüssige wie gasförmige) seine Anwendung.

6. Gaslösungen.

Das Gesetz, nach welchem Gase sich in Flüssigkeiten lösen, lautet dahin, dass beim Gleichgewicht die Konzentration des Gases zu der Konzentration der Lösung in einem konstanten Verhältnis steht. Unter Konzentration ist wie immer die Menge in der Volumeinheit verstanden. Da die Konzentration eines Gases dem Drucke proportional ist, so ist es auch die gelöste Menge. Das Verhältnis hängt von der Natur der Stoffe und der Temperatur ab. In Wasser, Alkohol und ähnlichen Flüssigkeiten sind alle Gase merklich löslich, jedoch die meisten in ziemlich geringem Grade. In Quecksilber ist die Löslichkeit der Gase äußerst klein, deshalb bedient man sich dieses Metalles bei genauen Gasanalysen. Dass nicht immer die Löslichkeit in flüssigen Metallen so klein ist, geht aus dem Verhalten des geschmolzenen Silbers hervor, das reichlich Sauerstoffgas löst, welches beim Erstarren unter „Spratzen" entweicht.

Um eine im Gleichgewicht befindliche oder gesättigte Lösung herzustellen, ist es nötig, Gas und Flüssigkeit in einer möglichst großen Oberfläche in Berührung zu bringen, und die Verteilung des gelösten Stoffes möglichst durch Bewegen zu beschleunigen. Durchleiten des Gases in kleinen Bläschen, kräftiges Durcheinanderschütteln und ähnliche mechanische Hilfsmittel werden hier nützlich.

In den meisten Fällen handelt es sich für uns nicht sowohl um Herstellung einer gesättigten Lösung, als tun eine möglichst vollständige Absorption. Dieser setzt sich die Schwierigkeit entgegen, dass in unserm Fall eines Gasgemenges sich die Konzentration (oder der Teildruck) des zu absorbierenden Gases umso mehr verringert, je weiter die Trennung durch Lösung vorgeschritten ist. Man muss daher bedacht sein, das Prinzip des *Gegenstromes* anzuwenden, indem man das Gasgemenge und die lösende Flüssigkeit in entgegen gesetzter Richtung bewegt. Dadurch wird bewirkt, dass einerseits die fast gesättigte Flüssigkeit mit frischem Gasgemenge, anderseits frische Flüssigkeit mit dem an dem absorbierbaren Anteile fast erschöpften Gasgemenge in Berührung kommt; ersteres sichert eine möglichst vollständige Sättigung und daher einen möglichst geringen Verbrauch an Lösungsmitteln, letzteres sichert eine möglichst vollständige Absorption der letzten Anteile.

Für quantitative Zwecke ist die bloße Absorption der Gase in Flüssigkeiten nur selten verwendbar, weil die Absorptionskoeffizienten der meisten Gase zu klein und einander zu nahe sind, als dass der Zweck erreicht werden könnte. Nur gewisse Gase, wie die Halogenwasserstoffsäuren, lassen sich von Gasen wie Wasserstoff, Stickstoff, Luft und dergleichen auf diese Weise vollständig genug trennen. In den meisten Fällen muss man gleichzeitig zu dem Mittel chemischer Umwandlung greifen, und auch in dem vorher erwähnten Falle der Halogenwasserstoffsäuren ist Grund zur Annahme vorhanden, dass chemische Vorgänge bei ihrer Auflösung in Wasser eintreten.

Bei der Trennung von Gasen durch Absorption ist darauf zu achten, dass das nicht absorbierte Gas von dem Lösungsmittel eine dem Dampfdruck entsprechende Menge mitführt, die man gegebenenfalls in Rechnung zu bringen, oder durch passende Mittel zurückzuhalten hat.

7. Trocknen von Gasen.

Ein besonders häufiger Fall der Gastrennung ist das *Trocknen* der Gase, d. h. die Abscheidung vorhandenen

Wasserdampfes. Es werden in diesem Falle neben flüssigen Lösungsmitteln, wie Schwefelsäure auch feste Absorptionsmittel, wie Chlorkalzium, Ätzkali, Phosphorpentoxyd, angewendet. Für den Erfolg kommen dieselben Gesichtspunkte in Betracht, wie sie oben erwähnt worden sind. So ist es beispielsweise sehr viel wirksamer, statt das Gas in Blasen durch Schwefelsäure treten zu lassen, diese auf porösem Material, wie

Bimsstein, auszubreiten, umso die erforderliche große Oberfläche herzustellen. Auch in diesem Falle sind die meisten der stattfindenden Vorgänge chemischer Natur. Keine Trocknung ist absolut, und die verschiedenen Trockenmittel unterscheiden sich durch den Betrag des übrigbleibenden Dampfes. Hierauf ist besonders Rücksicht zu nehmen, wenn Analysen in einem Gasstrom ausgeführt werden.

8. Zwei Flüssigkeiten. Theorie des Ausschütteins.

Wenn zwei nicht mischbare Lösungsmittel gleichzeitig mit einem Stoff in Berührung sind, welcher in beiden löslich ist, so verteilt dieser sich so, dass die Konzentrationen, die er in beiden Lösungsmitteln annimmt, in einem konstanten Verhältnis stehen. Dieser Satz ist von Berthelot und Jungfleisch gefunden und experimentell mehrfach bestätigt worden. Er erleidet unter bestimmten Umständen scheinbare Ausnahmen, die später ihre Aufklärung finden werden. Um die allgemeinen Verhältnisse des Ausschüttelungsvorganges zu übersehen, genügt der oben ausgesprochene einfache Satz.

Ist also die Menge x_0 des gelösten Stoffes in der Menge 1 des ersten Lösungsmittels enthalten, und wird diese Lösung mit der Menge m des zweiten Lösungsmittelsgeschüttelt, so bleibt die Menge im ersten zurück und x_0—Xi geht in das zweite Lösungsmittel über. Die Menge x_t ist durch die Gleichung bestimmt $\frac{x_1}{1} = k\frac{x_0 - x_1}{m}$, oder $x_1 = x_0\frac{kl}{m + kl'}$ indem $\frac{x_1}{1}$ und $\frac{x_0 - x_1}{m}$ die beiden Konzentrationen sind, und k die konstante Verhältniszahl derselben, oder *Teilungskoeffizienten* darstellt.

Eine zweite Ausschüttelung mit der gleichen Menge m des zweiten Lösungsmittels ergibt $\frac{x_2}{1} = k\frac{x_1 - x_2}{m}$ oder, nach Substitution von x_1 aus der ersten Gleichung, $x_2 = x_0\left(\frac{kl}{m + kl'}\right)^2$ und für die n-te Ausschüttelung $x_n = x_0\left(\frac{kl}{m + kl'}\right)^n$

Es ist wieder dieselbe Form der Gleichung, welche wir für die Theorie des Auswaschens gefunden haben, und es ist auch derselbe Schluss zu ziehen, dass man bei gegebener Menge des zweiten Lösungsmittels eine vollständigere Abscheidung erzielt, wenn man mit vielen kleinen Portionen ausschüttelt, als wenn man wenige große Anteile anwendet. Im Übrigen hängt der Erfolg von dem Werte des Teilungskoeffizienten k ab; je kleiner dieser, d. h. das Verhältnis der Konzentration im ersten zu der im zweiten Lösungsmittel ist, umso schneller kommt man vorwärts. Ein absolut vollständiges Ausschütteln ist ebenso wenig möglich, wie ein absolut vollständiges Auswaschen.

9. Lösungen fester Stoffe.

Für feste Stoffe lautet das Löslichkeitsgesetz dahin, dass Gleichgewicht oder Sättigung bei einer bestimmten Konzentration der Lösung eintritt; der Wert dieser Konzentration hängt von der Natur der Stoffe und von der Temperatur ab, und zwar nimmt mit steigender Temperatur die Konzentration häufig zu, in einzelnen Fällen aber auch ab.

Der Wert dieser Sättigungskonzentration hängt ganz und gar von der Beschaffenheit des festen Körpers ab, welcher mit der Lösung in Berührung steht, und ändert sich mit dieser. Insbesondere kommt den verschiedenen polymorphen und allotropen Formen, den verschiedenen Hydraten usw. eines und desselben Stoffes je eine bestimmte und verschiedene Löslichkeit zu. Demgemäß ist z. B. der Ausdruck „die Löslichkeit des Schwefels" noch unbestimmt, auch wenn man die Temperatur und das Lösungsmittel angibt; es gehört noch die Angabe der Modifikation des Schwefels dazu, welche gemeint ist.

Auch amorphe Stoffe haben oft eine bestimmte Löslichkeit, außer wenn sie kolloide Pseudolösungen bilden. Denn man kann sie als Flüssigkeiten mit sehr großer innerer Reibung ansehen, und sie können daher mit andern Flüssigkeiten sowohl unbegrenzte wie begrenzte Löslichkeit zeigen. Sie sind stets weit löslicher, als die entsprechenden kristal- linischen Verbindungen. Die meisten kristallinischen Niederschläge scheinen zunächst amorph zu fallen, um dann mehr oder weniger schnell kristallinisch zu werden, wie man das besonders deutlich beim Kalziumkarbonat beobachten kann. Wegen der größeren Löslichkeit der amorphen Modifikationen muss man, wenn es sich um Trennungen handelt, stets den kristallinischen Zustand abwarten. Die Mittel, sein Eintreten zu beschleunigen, sind schon S. 24 erörtert worden.

Die Trennung zweier fester Stoffe durch ein Lösungsmittel, in welchem nur der eine löslich ist, unterliegt im Wesentlichen den gleichen Gesetzen, welche oben für das Auswaschen dargelegt worden sind. Die Behandlung mit dem Lösungsmittel wird zweckmäßig nicht auf dem Filter, sondern in einem Gefäß vorgenommen; man gießt die entstandene Lösung durch ein Filter ab und behandelt den Rückstand im Gefäß von neuem mit dem Lösungsmittel, bis man sicher sein kann, dass alles Lösliche in Lösung gegangen ist, worauf man den Rückstand auf das Filter bringt und auswäscht. Die Ursache dieser Vorschrift liegt darin, dass es auf dem Filter nicht leicht ist, alle Teile der Substanz genügend mit dem Lösungsmittel in Berührung zu bringen.

Da die Geschwindigkeit der Auflösung der Größe der Berührungsfläche proportional ist, so ist es unter allen Umständen ratsam, das feste Gemenge, wenn es nicht von vornherein im Zustande feinster Verteilung vorliegt, möglichst sorgfältig zu pulvern. Dies gilt namentlich für etwas schwerlösliche Körper. Auch empfiehlt sich die Anwendung höherer Temperatur.

Soll die Trennung mit Hilfe einer möglichst kleinen Menge Lösungsmittel bewerkstelligt werden, so kann man, wenn der gelöste Körper nichtflüchtig ist, das Lösungsmittel vom Auszug abdestillieren und zur Wiederholung des Ausziehens verwenden. Diese Operationen vollziehen sich selbsttätig indem *Extraktionsapparat,* welcher aus einem Destillierkolben mit Kückflusskühler besteht; zwischen beiden ist das Filter mit der auszuziehenden Substanz angebracht, so dass die zurückfließende Flüssigkeit diese durchspült und auswäscht. Die Konstruktionen, um diesen Zweck zu erreichen, sind ziemlich mannigfaltig; am zweckmäßigsten wirken solche Formen, bei denen durch einen selbsttätig angehenden Heber das die Substanz umspülende Lösungsmittel von Zeit zu Zeit sich in den Destillierkolben entleert.

10. Mehrere lösliche Stoffe.

Im allgemeinen muss jeder Stoff als löslich betrachtet werden, und eine Trennung durch ein Lösungsmittel ist stets unvollkommen insofern, als von dem „unlöslichen" Stoff ein kleiner Anteil gelöst wird; ist dieser zu vernachlässigen, so betrachtet man den fraglichen Stoff als unlöslich. In Fällen, wo diese Löslichkeit noch in Betracht kommt, ist es wichtig, die Gesetze der gleichzeitigen Löslichkeit mehrerer Stoffe zu kennen. Für wenig lösliche Körper, die beim Auflösen keine Änderung erfahren, darf man in erster Annäherung annehmen, dass sich die Stoffe unabhängig voneinander auflösen, bis für jeden einzelnen die Konzentration der Sättigung erreicht ist. Es ist dasselbe Gesetz, welches für die gleichzeitige Lösung mehrerer Gase in einer Flüssigkeit, sowie für den gemeinsamen Dampfdruck nicht mischbarer Flüssigkeiten gültig ist. Doch muss beachtet werden, dass bei Flüssigkeiten meist eine nicht unbeträchtliche gegenseitige Beeinflussung der Löslichkeit eintritt, welche eine *quantitative* Anwendung jener Regel sehr unsicher bzw. ungenau macht.

In dieser einfachen Gestalt findet die Regel von der unabhängigen Löslichkeit indessen nur selten Anwendung. In Fällen, wo es sich um Salze oder allgemein Elektrolyte handelt, tritt eine gegenseitige Beeinflussung der Löslichkeit ein, wenn die verschiedenen Stoffe ein gemeinsames Ion enthalten. Die hier auftretenden Beziehungen werden an späterer Stelle behandelt werden.

11. Umkristallisieren.

Die Umkehrung der Herauslösung oder „Auslaugung" eines Teiles aus einem festen Gemenge oder einer festen Lösung besteht in dem Umkristallisieren. Man wendet es an, wenn die zu scheidenden Bestandteile beide in Wasser oder einem andern Lösungsmittel löslich sind, aber in verschiedenem Maße. Dann bringt man zunächst, meist durch Erhitzung, alles in Lösung und lässt durch Abkühlen oder Verdampfen des Lösungsmittels einen Teil sich ausscheiden. Da feste Lösungen eine verhältnismäßig seltene Erscheinung sind, so bestehen die entstehenden Kristalle fast immer aus einem der festen Anteile in reinem Zustande. Dies tritt ein, wenn es sich um die Scheidung eines Gemenges handelt. Handelt es sich dagegen um die Scheidung einer festen Lösung, so ist die Trennung bei einmaligem Kristallisieren jedenfalls unvollständig, und es hat ein wiederholtes Verfahren Platz zu greifen, das ganz ähnlich der Destillation flüssiger Lösungen (S. 41) verläuft.

Das allgemeine Verfahren beruht darauf, dass in der Regel aus der Lösung eines Gemenges die Bestandteile *einzeln* herauskristallisieren, so dass man sie nötigenfalls unter Beachtung der Kristallform durch Auslesen trennen kann, wenn beide sich gleichzeitig ausgeschieden haben. Indessen sucht man dies meist zu vermeiden und bemisst die Menge oder Art des Lösungsmittels so, dass sich nur einer der Bestandteile im festen Zustand ausscheidet, den man auf solche Weise nahezu rein gewinnt. Er enthält den andern Bestandteil nur in Gestalt von Benetzung durch die nachbleibende Flüssigkeit, die Mutterlauge, sowie zuweilen in Gestalt von Flüssigkeitseinschlüssen, die von den Kristallen bei ihrer Entstehung gebildet werden. Durch Abwaschen, Abpressen oder Abschleudern der Kristalle und eine zweite, nötigenfalls dritte Kristallisation gewinnt man in schneller Zunahme reinere Produkte, so dass dieses Verfahren sowohl im Laboratorium, wie in der Technik ausgiebig angewendet wird.

Allerdings ist die Scheidung auf solche Weise unvollkommen, da die Mutterlauge neben dem zweiten Stoffe größere oder geringere Mengen des ersten enthält. Soll die Trennung beide, bzw. alle Anteile im reinen Zustande liefern, so wird sie eine sehr schwierige Operation, die am ehesten dadurch erleichtert wird, dass man mit dem Lösungsmittel wechselt. Gelingt es, eines zu finden, in dem die Löslichkeitsverhältnisse der Bestandteile sich umkehren, so kann man auch einen großen Teil des zweiten Stoffes durch Auskristallisieren im reinen Zustande gewinnen. In allen Fällen bleiben aber Mutterlaugen nach, die beide Anteile in etwa gleichwertigen Mengen enthalten und bei denen die Scheidung schwierig ist.

Daher pflegt der Chemiker, der solche Gemenge etwa bei einer synthetischen Arbeit erhalten hat, kein Gewicht auf die vollständige Trennung zu legen, sondern er arbeitet von vornherein mit dem Bewusstsein, dass er einen nicht unbeträchtlichen Teil des vorhandenen Stoffes in den Mutterlaugen verlieren wird, um den andern Teil rein zu gewinnen. Den Verlust kann er nötigenfalls durch wiederholte oder vergrößerte Herstellungen ersetzen, und er wird den Weg vorziehen, der ihm die geringsten Verluste an Arbeit oder Auslagen bringt.

Viertes Kapitel. Die chemische Scheidung.

§ 1. Die Theorie der Lösungen.

1. Vorbemerkungen.

Wenn die beabsichtigte Trennung weder unmittelbar, noch durch physikalische Hilfsmittel bewerkstelligt werden kann, so tritt der allgemeinste Fall ein, *dass durch Umwandlung des zu scheidenden Stoffes in eine andere chemische Verbindung der Zustand hergestellt wird, welcher zur Absonderung einer neuen Phase führt, die den fraglichen Stoff enthält und daher eine mechanische Trennung gestattet.* Auch in diesem Fall wird man, wie im vorigen, auf den Zustand fest-flüssig einerseits, fest-gasförmig oder flüssig-gasförmig anderseits hinarbeiten.

Die Grundlage der chemischen Analyse im engeren Sinn ist das Gesetz von der Existenz und der Erhaltung der Elemente. Das erste besagt, dass ein jedes wägbare Ding, sei es ein Gemenge, eine Lösung oder ein reiner Stoff, sich in letzte oder elementare Bestandteile auflösen lässt, deren Gewicht insgesamt seinem eigenen Gewicht gleich ist und die ihrerseits sich nicht weiter in einfachere Bestandteile auflösen lassen. Sie heißen daher chemische Elemente und sind weiter unten mit ihren Verbindungsgewichten verzeichnet. Diese Zerlegung in Elemente kann auf die verschiedenartigste Weise erfolgen; doch findet man an demselben Objekt stets dieselben Elemente in denselben Gewichtsverhältnissen, ganz unabhängig von der Art, wie die Zerlegung erfolgt ist. Die Beziehung zwischen einem Körper und seinen Elementen ist daher eine *eindeutige,* und es gibt für jeden Körper eine ganz bestimmte elementare Zusammensetzung, die auf jedem Wege gleich gefunden wird, wenn der Weg nur richtig ist und ohne Fehler zurückgelegt wird.

Diese zweite Tatsache wird durch das Gesetz von der Erhaltung der Elemente ausgedrückt. Dieses besagt, dass durch keinen bekannten Vorgang ein Element in ein anderes verwandelt werden kann[6]. Dass diese Form des Gesetzes übereinstimmt mit der eben ausgesprochenen von der Eindeutigkeit der analytischen Zusammensetzung jedes gegebenen Körpers, sieht man leicht ein. Man nehme an, dieses Gesetz bestände nicht, und man könnte aus demselben Körper je nach der benutzten Methode verschiedene Elemente erhalten. Dann brauchte man nur den Körper aus den Elementen, die man auf dem ersten Weg erhalten

---

[6] Die inzwischen an radioaktiven Stoffen beobachteten Umwandlungen erfordern eine gewisse Einschränkung dieses Gesetzes, die indessen die gewöhnlichen analytischenMethoden nicht trifft und daher hier nicht dargelegt zu werden braucht.

hat, wieder zusammenzusetzen und ihn auf dem andern Wege zu ana-
lysieren, und hätte dadurch die einen Elemente in die andern verwandelt.

Hierdurch gewinnt die analytische Chemie die wertvolle Freiheit, dass
es im Allgemeinen keineswegs nötig ist, bei der Analyse die Elemente
selbst herzustellen. Es genügt vielmehr, dass man bekannte Verbindungen der verschiedenen, in dem zu analysierenden Körper enthaltenen
Elemente entstehen lässt, deren Eigenschaften sie besonders für den
analytischen Nachweis geeignet machen. Aus der Tatsache, dass diese
Verbindungen erzeugt werden können, darf man dann mit Sicherheit
schließen, dass die entsprechenden Elemente in dem Körper vorhanden
gewesen sind. Umgekehrt schließt man aus dem Ausbleiben dieser
analytisch kennzeichnenden Verbindungen, wenn die Übrigen Bedingungen für ihre Entstehung gegeben sind, dass das fragliche Element
nicht vorhanden ist, da es sonst die Verbindung gebildet hätte.

Um die bei solchen Operationen stattfindenden Vorgänge, die größtenteils in Lösungen erfolgen, vollständig zu übersehen, ist eine Erörterung über die Theorie der Lösungen und den Zustand gelöster Stoffe
vorauszuschicken. Infolge der neueren Entwicklung dieses Gebietes ist
die Theorie der analytischen Reaktionen in ein ganz neues Stadium ge-
treten, ja in wissenschaftlicher Gestalt überhaupt erst möglich geworden;
der Fortschritt der analytischen Chemie liegt wesentlich in diesem Punkte.

2. Zustand gelöster Stoffe.

Die vielfach von älteren Forschern ausgesprochene Ansicht, dass in
verdünnten Lösungen die Stoffe einen Zustand annehmen, der mit dem
Gaszustand Ähnlichkeit hat, ist durch die bahnbrechenden Arbeiten von
van't Hoff zu einer wissenschaftlich streng durchgeführten Theorie geworden. In den früheren Darlegungen ist wiederholt auf die Übereinstimmung der erfahrungsmäßigen Gesetze hingewiesen worden,
welche für gelöste Stoffe einerseits, für gasförmige anderseits in Bezug
auf ihre Lösungs- und Sättigungsverhältnisse gefunden worden sind.
Diese Übereinstimmung geht so weit, dass die Materie in beiden Zuständen dem gleichen Gesetz mit denselben Konstanten gehorcht, nur
dass an Stelle des gewöhnlichen Gasdruckes für gelöste Stoffe der *os-
motische Druck* einzutreten hat, d. h. der Druck, welcher an einer Grenzfläche entsteht, die eine Lösung von dem reinen Lösungsmittel trennt,

wenn sich an dieser Grenzfläche eine Wand befindet, welche nur dem Lösungsmittel, nicht aber dem gelösten Stoffe den Durchgang verstattet[7].

Ebenso wie Bestimmungen der Dichte verdampfter Stoffe bei bestimmten Drucken und Temperaturen Aufschlüsse über deren besondere Zustände gegeben haben, ist man durch die Untersuchung von Lösungen zu dem Resultat gelangt, dass eine große Anzahl von Stoffen in wässeriger Lösung nicht der ihnen gewöhnlich zuerteilten Formel entsprechen können; vielmehr müssen sie ein kleineres Molargewicht[8] haben, als es die kleinstmögliche Formel ergibt. Die Deutung dieses Ergebnisses machte anfangs große Schwierigkeiten, die erst durch Arrhenius mittels seiner *Theorie der elektrolytischen Dissoziation* gehoben wurden. Arrhenius erkannte nämlich, dass die erwähnten Abweichungen nur bei solchen Stoffen auftreten, welche sich als *elektrolytische Leiter* verhalten, und konnte gleichzeitig die Verhältnisse der elektrolytischen Leitfähigkeit und die Abweichungen der fraglichen Lösungen von den einfachen Gesetzen durch die Annahme erklären, *dass die salzartigen Stoffe nicht unverändert in wässeriger Lösung existieren, sondern mehr oder weniger vollständig in ihre Bestandteile oder Ionen gespalten sind.*

Auf die zahlreichen Bestätigungen und Rechtfertigungen, welche im Laufe der Zeit für diese Auffassungsweise beigebracht worden sind, kann hier nicht eingegangen werden; sie soll hier als erwiesen gelten, und für ihre Zweckmäßigkeit wird sich im Laufe der folgenden Betrachtungen eine große Anzahl von Belegen ergeben.

3. Die Ionen.

Dass die Salze binär gegliederte Stoffe sind, hat sich der Beobachtung schon frühzeitig aufgedrängt. Berzelius hielt Säureanhydrid und Metalloxyd für die beiden Bestandteile ; er wurde durch diese Annahme in die Notwendigkeit versetzt, die Haloidsalze als von den Sauerstoffsalzen verschieden konstituiert auffassen zu müssen, während doch nichts im Verhalten der beiden Klassen eine solche Unterscheidung erforderlich macht oder nur rechtfertigt. Durch Davy, Liebig und eine Anzahl späterer Forscher wurde erkannt, dass man zweckmäßiger als Bestandteile der Salze das *Metall* einerseits, das *Halogen* oder den

---

[7] Genaueres hierüber siehe in des Verfassers Grundriß der allgemeinen Chemie, 5. Aufl. (Dresden 1916) 187 ff. oder in des Verfassers Lehrbuch der allgemeinen Chemie Bd.I (2. Aufl.) S. 651ff.
[8] Die abgekürzte Bezeichnung „Molargewicht" wird an Stelle der üblichen „Molekulargewicht" vorgeschlagen.

Säurerest (Salz minus Metall) anderseits aufzufassen hat; für diese Bestandteile hat Faraday den Namen *Ionen* eingeführt, und man unterscheidet die positiven oder *Kationen* (Metalle und metallähnlichen Komplexe, wie NH_4) von den negativen Ionen oder *Anionen* (Halogene und Säurereste) wie NO_3, SO_4 usw.

In wässerigen Lösungen der Elektrolyte sind im allgemeinen die Ionen zum Teil verbunden, zum Teil bestehen sie unverbunden nebeneinander. Bei den Neutralsalzen ist der unverbundene Teil meistens der größere, und zwar wird er umso beträchtlicher, je verdünnter die Lösung ist. Infolgedessen sind die Eigenschaften verdünnter Salzlösungen nicht sowohl durch die Eigenschaften des gelösten Salzes als solchen bedingt, sondern vielmehr durch die Eigen- schaften der aus dem Salz entstandenen Ionen. Durch diesen Satz erlangt die analytische Chemie der salzartigen Stoffe alsbald eine ungeheure Vereinfachung: es sind nicht die analytischen Eigenschaften sämtlicher Salze, sondern nur die ihrer Ionen festzustellen. Nimmt man an, dass je 50 Anionen und Kationen gegeben sind, so würden diese miteinander 2500 Salze bilden können, und es müsste, falls die Salze individuelle Reaktionen besäßen, das Verhalten von 2500 Stoffen einzeln ermittelt werden. Da aber die Eigenschaften der gelösten Salze einfach die Summe der Eigenschaften ihrer Ionen sind, so folgt, dass die Kenntnis von 50 + 50 = 100 Fällen genügt, um sämtliche 2500 möglichen Fälle zu beherrschen. Tatsächlich hat die analytische Chemie von dieser Vereinfachung längst Gebrauch gemacht; man weiß beispielsweise längst, dass die Reaktionen der Kupfersalze in Bezug auf Kupfer die gleichen sind, ob man das Sulfat, Nitrat oder sonst einbeliebiges Kupfersalz untersucht. Die wissenschaftliche Formulierung dieses Verhältnisses und seiner Ursache ist aber der Dissoziationstheorie vorbehalten geblieben.

Erklärt auf diese Weise die Dissoziationstheorie die große Einfachheit des analytischen Schemas, so erklärt sie auch anderseits die Verwicklungen, welche erfahrungsmäßig in einzelnen Fällen auftreten. Während die zahlreichen Metallchloride sämtlich die Reaktion des Chlors mit Silber geben, lässt diese sich mit andern Chlorverbindungen, wie Kaliumchlorat, den Salzen der Chloressigsäuren, Chloroform usw. nicht erhalten. Den letzten Fall können wir alsbald erledigen: Chloroform ist kein Salz und kann deshalb keine Ionenreaktionen zeigen. Dass die genannten Salze aber keine Reaktion auf Chlor zeigen, obwohl sie Salze sind und Chlor enthalten, liegt daran, *dass sie kein Chlorion enthalten.* Die Ionen des Kaliumchlorats sind K und ClO_3; man erhält mit dem Salze die Reaktionen des Kaliumions und die des ClO_3 oder des Chlorations, und andere Reaktionen sind nicht zu erwarten. Jedes Mal also, wo ein Stoff Bestandteil eines zusammengesetzten Ions ist, verliert er seine gewöhnlichen d. h. seine Ionenreaktionen, und es treten neue Reaktionen auf, welche dem vorhandenen zusammengesetzten Ion angehören.

Die Frage, wie der Ionenzustand zu erkennen und das Maß der Dissoziation zu ermitteln sei, kann hier nicht eingehend erörtert werden. Nur soviel sei erwähnt, dass Ionisation und elektrolytische Leitung einander parallel gehen, und dass aus dem Betrag der letztern unter bestimmten Voraussetzungen auf die erstere geschlossen werden kann. Außer diesem Hilfsmittel gibt es noch zahlreiche andere; die Anwendung derselben hat zu gleichen Ergebnissen geführt, wie die der elektrischen Leitfähigkeit.

Die weitere Frage, welches die Ionen einer gegebenen salzartigen Verbindung seien, ist nicht immer ganz einfach zu beantworten. So hat man lange Zeit das Kaliumplatinchlorid für eine Chlorverbindung wie andere Metallchloride gehalten, während wir gegenwärtig wissen, dass seine Ionen 2 K und $PtCl_6$ sind, dass es also das Kaliumsalz des Chlorplatinions $PtCl_6$ ist. Demgemäß gibt es auch mit Silbernitrat kein Chlorsilber, sondern einen ledergelben Niederschlag von Silberplatinchlorid, Ag_2PtCl_6. Meist lässt sich die Frage auf chemischem Wege entscheiden, indem man beachtet, welches die Komplexe sind, die sich mit den Ionen anderer Salze austauschen. Eine unabhängige Prüfung ergibt sich bei der Elektrolyse der Salze, indem die Kationen sich im Sinne des positiven Stromes bewegen, die Anionen im Sinne des negativen. So fand in der Tat Hittorf, dass bei der Elektrolyse des Natriumplatinchlorids sich das Platin gleichzeitig mit dem Chlor zur Anode begab, während das Natrium zur Kathode ging.

Der Parallelismus der elektrischen Leitfähigkeit und der chemischen Reaktionsfähigkeit ist eines der wichtigsten Hilfsmittel zur Beurteilung des Ionenzustandes. Beide Eigenschaften gehen durchaus parallel, so dass Hittorf die Definition ausgesprochen hat: *Elektrolyte sind Salze,* d. h. binäre Verbindungen, welche ihre Bestandteile augenblicklich auszutauschen fähig sind. Da für die Zwecke der chemischen Analyse möglichst schnell verlaufende Vorgänge in erster Linie wichtig sind, so sind die hier verwendeten Reaktionen so gut wie ausschließlich Ionenreaktionen.

4. Die Arten der Ionen.

Gemäß der Tatsache, dass die Salze *binär* gegliederte Stoffe sind, zerfallen die Ionen zunächst in zwei Klassen, welche nach Faradays Vorgänge die Namen *Kationen* und *Anionen* erhalten sollen. Erstere bewegen sich bei der Leitung der Elektrizität durch *Elektrolyte,* d. h. Ionen enthaltende Stoffe, im Sinne des positiven Stromes, und wir nehmen daher an, dass sie mit positiven Elektrizitätsmengen verbunden sind, die gemäß dem Faradayschen Gesetz für äquivalente Mengen verschiedener Ionen gleich groß sind. Die Anionen bewegen sich im entgegen gesetzten Sinne, sind daher mit negativen Elektrizitätsmengen verbunden, deren Betrag wiederum für äquivalente Mengen verschiedener Anionen gleich ist. Man bezeichnet ferner mit dem Wort *äquivalent* solche Mengen entgegen gesetzter Ionen, welche sich zu einer neutralen Verbindung vereinigen; auch solche enthalten numerisch gleiche Elektrizitätsmengen, aber von entgegen gesetztem Zeichen. Denn in jeder elektrisch neutralen Flüssigkeit muss die Summe aller positiven Elektrizitätsmengen der Summe aller negativen gleich sein.

Da sich die Ionen in Lösungen wie selbständige Stoffe verhalten, so hat man auch für sie Molargewichtsbestimmungen ausführen können. Daraus hat sich ergeben, dass man ein- und mehrwertige Ionen unterscheiden muss, in Übereinstimmung mit dem, was gemäß den Molargewichtsbestimmungen an nicht dissoziierten Verbindungen zu fordern war. Die Ionen beispielsweise des Kaliumsulfats K_2SO_4 sind 2 K und SO_4; nach dem eben Auseinandergesetzten muss eine elektrisch und chemisch neutrale Lösung dieses Salzes an dem Ion SO_4 eine gleiche Elektrizitätsmenge enthalten, wie an den beiden Ionen K, d. h. das Ion SO_4 ist mit einer doppelt so großen negativen Elektrizitätsmenge behaftet, als das Ion K positive besitzt. Ebenso ergibt sich aus der Formel $BaCl_2$, dass das Ion Ba gegenüber dem Chlor zweiwertig sein muss.

Wo es in der Folge nötig oder nützlich sein wird, die Ionen als solche zu bezeichnen, werden die Formeln der Kationen mit einem Punkt, die der Anionen mit einem Strich versehen. K ist somit das Kaliumion, wie es z. B. in der wässerigen Lösung des Chlorkaliums vorhanden ist; das gleichzeitig anwesende Chlorion erhält die Bezeichnung Cl'. Mehrwertige Ionen werden mit so vielen Punkten oder Strichen bezeichnet, als die Zahl ihrer Valenzen oder elektrischen Ladungen beträgt.

Die wichtigsten Ionen sind folgende:

A. Kationen.

a) Einwertige: H· (in den Säuren), K·, Na·, Li·, Cs·, Rb·, TL·, Ag·, NH_4·, NH_3R· bis NR_4· (wo R ein organisches Radikal ist), Cu· (in den Kuproverbindungen), Hg· (in den Merkuroverbindungen) usw.

b) Zweiwertige: Ca··, Sr··, Ba··, Mg··, Fe·· (in den Ferrosalzen), Cu·· (in den Kuprisalzen), Pb··, Hg·· (in den Merkurisalzen), Co··, Ni··, Zn··, Zd·· usw.

c) Dreiwertige: Al···, Bi···, Cr···, Sb···, Fe··· (in den Ferrisalzen) und die meisten seltenen Erdmetalle.

d) Vierwertige: Sn···· (zweifelhaft), Zr····.

e) Fünfwertige: Nicht mit Sicherheit bekannt.

B. Anionen.

a. Einwertige: OH' (in den Basen), Fl', Cl', Br', J', NO_3', ClO_3', ClO_4', BrO_3', MnO_4' (in den Permanganaten), sowie die Anionen aller andern einbasischen Säuren, nämlich Säure minus ein Wasserstoff.

b. Zweiwertige: S", Se", Te" (?), SO_4", SeO_4", MnO_4" (in den Manganaten) und die Ionen aller andern zweibasischen Säuren.

c. bis f) Drei- bis sechswertige Anionen: Die Anionen der drei- bis sechsbasischen Säuren. Elementare Anionen, die mehr als zweiwertig sind, sind nicht bekannt.

5. Einige weitere Angaben.

Zur Beurteilung der analytischen Reaktionen sind einige annähernde Angaben über Dissoziationsgrade der wichtigsten Verbindungen notwendig, die hier vorausgeschickt werden sollen.

Nichtelektrolyte sind die organischen Verbindungen mit Ausnahme der typischen Säuren, Basen und Salze, ferner die Lösungen aller Stoffe in Lösungsmitteln, wie Benzol, Schwefelkohlenstoff, Äther u. dgl. Lösungen in Alkohol bilden einen Übergang zu den Elektrolyten, indem in ihnen Dissoziation von Salzen, wenn auch meist nur in sehr geringem Grade, stattfindet. Als absolut undissoziiert sind auch die andern genannten Stoffe und Lösungen nicht anzusehen, wie es auch keine absoluten Nichtleiter gibt; die Grenze lässt sich hier wie in allen ähnlichen Fällen nur zeitweilig ziehen, wo für die zurzeit vorhandenen Hilfsmittel das Gebiet des Messbaren und Beobachtbaren aufhört.

Elektrolyte sind die Salze in wässeriger Lösung, wobei unter dem Namen Salz hier und in der Folge auch Säuren und Basen einbegriffen sein sollen, indem Säuren Salze des Wasserstoffes, Basen solche des Hydroxyls sind. Lösungen von Salzen in Alkoholen sind gleichfalls, wenn auch in viel geringerem Grade, dissoziiert; die Dissoziation ist am größten in Methylalkohol und nimmt für denselben Stoff mit steigendem Molekulargewicht des Alkohols ab.

Von den Salzen sind die Neutralsalze am stärksten dissoziiert; wässerige Lösungen von mittlerer Konzentration enthalten oft weit über die Hälfte des Salzes in Gestalt freier Ionen. Unter den verschiedenen Salzen sind Unterschiede in dem Sinne vorhanden, dass solche mit einwertigen Ionen, wie KCl, $AgNO_3$, NH_4Br, am meisten dissoziiert sind; Salze mit mehrwertigen Ionen sind zunehmend weniger dissoziiert. Die Natur des Metalls und des Säurerestes hat im Übrigen sehr wenig Einfluss auf den Dissoziationsgrad des Salzes. Einige Ausnahmen muss man sich merken: die Halogenverbindungen des Quecksilbers sind sehr wenig dissoziiert, ein wenig mehr die des Kadmiums, die des Zinks bilden den Übergang zu den Übrigen Salzen: dabei haben wieder die Jodverbindungen die kleinste, die Chlorverbindungen die größte Dissoziation.

Eine viel größere Mannigfaltigkeit besteht bei den Säuren und Basen. Bei diesen entspricht der Dissoziationsgrad dem, was man ziemlich unbestimmt die „Stärke" genannt hat, indem die stärksten Säuren und Basen am vollständigsten dissoziiert sind.

Starke Säuren, deren Dissoziation von derselben Ordnung wie die der Neutralsalze ist, sind die Halogenwasserstoffsäuren (mit Ausnahme der Flusssäure, welche mäßig dissoziiert ist), ferner Salpeter-, Chlor-, Überchlorsäure, Schwefelsäure und die Polythionsäuren.

Mäßig starke Säuren sind Phosphorsäure, schweflige Säure, Essigsäure, deren Dissoziation unter gewöhnlichen Verhältnissen nicht über 10 Prozent geht.

Schwache Säuren mit einer Dissoziation unterhalb eines Prozentes sind Kohlensäure, Schwefelwasserstoff, Zyanwasserstoff, Kieselsäure, Borsäure. Die letztgenannten sind kaum messbar dissoziiert.

Starke Basen sind die Hydroxyde der Alkali- und Erdalkalimetalle, sowie des Thalliums, ferner die organischen quaternären Ammoniumverbindungen. Alle diese Stoffe sind annähernd so stark wie die Neutralsalze dissoziiert.

Mäßig starke Basen sind Ammoniak und die Aminbasen der Fettreihe, ferner Silberoxyd und Magnesia.

Schwache Basen sind die Hydroxyde der zwei- und dreiwertigen Metalle mit Ausnahme der obengenannten, die Aminbasen der aromatischen Reihe (wenn der Stickstoff mit dem aromatischen Kern verbunden ist), sowie die meisten Alkaloide.

Genauere Angaben werden, wo erforderlich, später im speziellen Teile nachgetragen werden. Es ist sehr wichtig, sich die hier angegebenen großen Gruppen gut einzuprägen, da die Beurteilung der analytischen Reaktionen zum großen Teil von den hier dargelegten Verhältnissen unmittelbar abhängig ist.

§ 2. Chemische Gleichgewichte.

6. Das Gesetz der Massenwirkung.

Für das chemische Gleichgewicht kommen zwei Fälle in Frage: das homogene und das heterogene Gleichgewicht. Homogenes Gleichgewicht findet in Gebilden statt, die aus einer einzigen Phase bestehen, also in Gasen und homogenen Flüssigkeiten. Homogene feste Körper brauchen grundsätzlich nicht ausgeschlossen zu werden, kommen aber praktisch nicht in Betracht.

Das Gesetz des homogenen Gleichgewichtes kann folgendermaßen ausgesprochen werden. Sei eine umkehrbare chemische Reaktion gegeben, die der allgemeinen chemischen Gleichung

$$m_1A_1 + m_2A_2 + m_3A_3 + \ldots \leftrightarrow n_1Bi + n_2B_2 + n_3B_3 \ldots$$ entspricht, wo das Zeichen $\leftrightarrow$ andeuten soll, dass der Vorgang ebenso wohl der von links nach rechts, wie der von rechts nach links gelesenen Formel gemäß erfolgen kann, und bezeichnet man mit $\alpha_1, \alpha_2, \alpha_3 \ldots$ und $\beta_1, \beta_2, \beta_3 \ldots$ die Konzentration der Stoffe $A_1, A_2, A_3 \ldots$ und $B_1, B_2, B_3 \ldots$, während $m_1, m_2, m_3 \ldots$ und $n_1 n_2, n_3$ die Zahl der an der Reaktion beteiligten Mole darstellt, so gibt folgende Gleichung

$$\alpha_1 m_1 \alpha_2 m_2 \alpha_3 m_3 \ldots = k \, \beta_1 n_1 \, \beta_2 n_2 \, \beta_3 n_3 \ldots,$$

wo k ein Koeffizient ist, welcher von der Natur der Stoffe und der Temperatur abhängt.

Die Konzentration wird berechnet, indem man angibt, wie viel Mole des betrachteten Stoffes in einem Liter Flüssigkeit enthalten ist. Unter einem *Mol* versteht man das in Grammen ausgedrückte Molargewicht des Stoffes.

Dies Gesetz ist sehr allgemein. Wird als Konzentration die Menge des einzelnen Stoffes, dividiert durch das Gesamtvolum, genommen, so muss man es als ein Grenzgesetz ansehen, das nur für verdünnte Lösungen gültig ist. Durch passende Definition der Konzentration könnte man es allgemeingültig machen, doch ist für konzentrierte Lösungen ein solcher allgemeingültiger Ausdruck noch nicht bekannt. Für unsere Zwecke ist die angegebene einfache Definition vollkommen ausreichend.

Als Stoffe, die an der Reaktion beteiligt sind, kommen alle in Betracht, die eine Umsetzung erfahren und ihre Konzentration ändern. Es gibt einzelne Fälle, wo zwar die erste dieser beiden Bedingungen erfüllt ist, nicht aber die zweite. Dies tritt insbesondere ein, wenn der Vorgang in einer Lösung erfolgt und das Lösungsmittel sich an ihm beteiligt. In solch einem Falle bleibt der betreffende Faktor a_m oder β_n konstant und kann mit dem Koeffizienten k vereinigt werden.

*Wenn sich Ionen an der Reaktion beteiligen, so sind sie als selbstän-
dige Stoffe zu behandeln.* Man darf also in den Gleichungen die elektrolytisch dissoziierten Stoffe nicht nach ihren gewöhnlichen Formeln
schreiben, sondern muss ihren Dissoziationszustand ausdrücken.
Chlorkalium in sehr verdünnter Lösung, wo dieses Salz vollständig dissoziiert ist, darf daher in einer solchen Gleichung nicht als KCl auftreten,
sondern muss K + Cl' geschrieben werden. In den später zu erörternden
Fällen werden Beispiele für diese Art Formulierung gegeben werden.

Das oben in mathematischer Gestalt aufgestellte Gesetz ist nichts als
die allgemeinste Form des vor mehr als hundert Jahren zuerst von
Wenzel aufgestellten Gesetzes der Massenwirkung, wonach die chemische Wirkung jedes Stoffes proportional seiner wirksamen Menge oder
seiner Konzentration ist. Man darf gegenwärtig dies Gesetz als ein allgemein zutreffendes ansehen, nachdem es insbesondere in den letzten
Jahren eine außerordentlich mannigfaltige und vielseitige Bestätigung
erfahren hat. Einige Ausnahmen, welche früher vorhanden zu sein
schienen, haben sich durch die Dissoziationstheorie und die aus ihr
fließenden Forderung, die Ionen als selbständige chemische Stoffe zu
behandeln, beseitigen lassen, so dass auch in dieser Beziehung die
Theorie der elektrolytischen Dissoziation eine wesentliche Lücke in dem
Gebäude der theoretischen Chemie zu schließen ermöglicht hat.

Die einzige Beschränkung, welcher die Ionen bezüglich ihrer Freiheit
unterliegen, liegt darin, dass positive und negative Ionen stets und überall
in äquivalenter Menge vorhanden sein müssen. Eines besondern Aus-
druckes bedarf diese Beschränkung in den Formeln nicht; sie gibt nur
eine Bedingungsgleichung zwischen den Konzentrationen der verschiedenen Ionen, die man gewöhnlich von vornherein in den Koeffizienten
zum Ausdruck bringen kann.

7. Anwendungen.

Eine der wichtigsten Anwendungen, welche die Theorie des homogenen Gleichgewichtes erfahren hat, ist die auf den Zustand gelöster
Elektrolyte. In derartigen Lösungen besteht zwischen den Ionen des
Elektrolyts und dem nicht dissoziierten Teil ein Gleichgewichtszustand,
welcher durch die angegebene Formel geregelt wird; durch die unabhängige Messung dieses Zustandes hat man die Richtigkeit der Formel in
weitestem Umfange prüfen und bestätigen können.

Haben wir, um den einfachsten Fall zu nehmen, einen binären Elektrolyt C, welcher in die Ionen A' und B' zerfallen kann, und sind in einer

Lösung a und b die Konzentrationen der beiden Ionen, und c die des nicht zerfallenen Anteils, so gilt die einfache Formel a • b = kc.

Nun bilden sich beide Ionen in dem angenommenen einfachsten Fall in äquivalenten Mengen, wodurch a = b wird. Setzen wir ferner die Gesamtmenge des Elektrolyts gleich Eins, und die dissoziierte Menge gleich α, so ist

$a = b = \dfrac{\alpha}{v}$ und $c = \dfrac{1-\alpha}{v}$ zu setzen, wo v das Volum der Lösung ist, in welcher die Menge Eins oder ein Mol (vgl. S. 58) des Elektrolyts enthalten ist. Führen wir die Substitution aus, so erhalten wir die Formel

$$\frac{\alpha^2}{(1-\alpha)} = kv$$

welche den Zersetzungszustand eines Elektrolyts in seiner Abhängigkeit von der Verdünnung v darstellt.

Wir entnehmen der Formel, dass α umso größer werden muss, je größer die Verdünnung v wird: bei unendlich großer Verdünnung muss 1—α = 0, also α=1 werden, d. h. der Elektrolyt ist vollständig dissoziiert. Umgekehrt geht α auf sehr kleine Werte, wenn v sich der Null nähert, d. h. bei maximaler Konzentration wird die Dissoziation ein Minimum. Im Übrigen hängt der Dissoziationszustand bei gegebener Verdünnung v vom Werte der Konstanten k ab. Dieser ist für Neutralsalze sehr groß und nur wenig verschieden, für Säuren und Basen dagegen außerordentlich verschieden, groß für starke und klein für schwache.

Die Unterschiede im Dissoziationsgrade der verschiedenen Elektrolyte verschwinden umso mehr, je verdünnter ihre Lösungen sind, woraus der Schluss folgt, dass unendlich verdünnte Lösungen verschiedener Säuren gleich stark, weil alle vollständig dissoziiert sind. Gleiches gilt für die Basen, welche gleichfalls sehr erhebliche Unterschiede der Konstanten k aufweisen.

8. Mehrfache Dissoziation.

Die Ionen der Salze dürfen ihrerseits keineswegs als unbedingt beständige Verbindungen betrachtet werden, vielmehr können auch sie auf die mannigfaltigste Weise Hydrolyse (s. w. u.), gewöhnliche oder elektrolytische Dissoziation erfahren. So sind die Metall-Ammoniakionen z. B. meist mehr oder weniger in Metallion und freies Ammoniak dissoziiert, das komplexe Ion des Kaliumsilberzyanids Ag(CN)'$_2$ ist elektrolytisch in Ag· und 2 CN' dissoziiert usw. Die Gesetze, denen diese Dissoziationen unterliegen, sind genau dieselben, welche für die früher betrachteten

Arten des chemischen Gleichgewichtes Geltung haben, und bedürfen daher keiner besondern Auseinandersetzung. Nur darf man nicht vergessen, auf die Möglichkeit derartiger Vorgänge achtzuhaben, wenn man das häufig verwickelte Spiel der analytischen Gleichgewichtszustände vollständig verstehen will.

9. Stufenweise Dissoziation.

Bei der Dissoziation solcher Elektrolyte, welche nicht aus gleichwertigen Ionen bestehen, z. B. der zweibasischen Säuren H_2A, könnte man geneigt sein, einen Vorgang nach dem Schema

$$H_2A \leftrightarrow 2H \cdot + A'$$

anzunehmen, woraus eine Gleichgewichtsgleichung von der Gestalt

$$ab^2 = k\,c$$

folgen würde. Die Erfahrung lehrt, das dies nicht richtig ist. Vielmehr dissoziieren sich die zweibasischen Säuren zunächst nach dem Schema

$$H_2A \leftrightarrow H \cdot + HA',$$ und das entstandene einwertige Ion erfährt seinerseits eine Dissoziation nach dem Schema $HA' \leftrightarrow H \cdot + A''$, und zwar ist die Dissoziationskonstante dieses zweiten Vorganges stets sehr viel kleiner als die des ersten.

Daraus geht hervor, dass die verschiedenen Wasserstoffatome mehrbasischer Säuren eine verschiedene Beschaffenheit in Bezug auf die „Stärke" der Säure haben; stets wird das erste Wasserstoffatom das einer stärkeren Säure sein als das zweite, und die weiteren werden folgenweise dem vorangehenden nachstehen.

10. Mehrere Elekdrolyte.

Über die Wechselwirkung mehrerer Elektrolyte, welche gleichzeitig in einer Lösung zugegen sind, gibt dieselbe Gleichgewichtsgleichung nicht minder Auskunft; einige wichtige Fälle sollen nachstehend behandelt werden.

Zwei Neutralsalze üben in sehr verdünnter Lösung meist keine Wirkung aufeinander aus. Denn da sowohl sie, wie die möglicherweise durch Wechselaustausch aus ihnen entstehenden neuen Salze alle stark dissoziiert sind, so bleiben die Ionen wesentlich in dem Zustand, in dem sie waren. So enthält eine Lösung von Chlorkalium wesentlich die Ionen K· und Cl', eine Lösung von Natriumnitrat die Ionen Na· und NO'_3, und dieser Zustand ändert sich nicht, wenn man beide Lösungen zusammengießt.

Auch ist diese Lösung notwendig identisch mit der aus entsprechenden Mengen Chlornatrium und Kaliumnitrat gebildeten Lösung, denn diese enthält dieselben Ionen in demselben freien Zustande wie die erste. Demgemäß findet auch keine Wärmeentwicklung oder sonstige Zustandsänderung beim Zusammenbringen statt.

Eine Wirkung tritt dagegen ein, wenn aus den vorhandenen Ionen sich ein Stoff (oder mehrere) bilden kann, welcher unter den vorhandenen Umständen wenig oder (praktisch) gar nicht dissoziiert ist. Alsdann hat die zugehörige Konstante k einen kleinen Wert; in der Gleichung

ab =k c

müssen sich deshalb a und b, die Konzentrationen der Ionen, auch stark vermindern, während c, die Konzentration des nichtdissoziierten Anteiles, entsprechend groß wird, bis der Gleichung genügt ist.

Die eintretende Reaktion besteht also darin, dass die Ionen, deren Elektrolyt eine kleine Konstante k hat, mehr oder weniger vollständig verschwinden, indem sich aus ihnen die nicht dissoziierte Verbindung bildet.

Der charakteristischste Fall, bei welchem eine solche Wirkung eintritt, ist der Neutralisationsvorgang aus Säure und Basis. Eine Säure enthält neben dem Anion Wasserstoffion, H·, eine Basis neben dem Kation Hydroxylion, OH'; die Verbindung beider, Wasser, ist sehr wenig dissoziiert und muss sich bilden, sowie die beiden Ionen in einer Flüssigkeit zusammentreffen. Daher erfolgt beim Zusammenbringen der Lösungen von Säuren und Basen eine erhebliche Wirkung, Wasserstoff- und Hydroxylion treten zu Wasser zusammen, und in der Lösung verbleiben die beiden andern Ionen, die dem entsprechenden Salz angehören.

Ähnliche Erscheinungen treten auf, wenn man dem Salz einer schwachen Säure eine starke Säure zufügt. Wie schon erwähnt, sind die neutralen Salze alle annähernd gleich dissoziiert, wie stark oder schwach auch die zugehörige Säure sein mag. Die Lösung eines Salzes einer schwachen Säure enthält also wesentlich nur die freien Ionen; wird zu dieser Lösung eine starke Säure, welche gleichfalls nahezu vollständig dissoziiert ist, gefügt, so trifft das Anion des Salzes mit dem Wasserstoffion der Säure zusammen, und beide vereinigen sich großenteils zu nicht dissoziierter Säure, da nach der Voraussetzung die entsprechende Säure schwach, d. h. in ihrer Lösung wenig dissoziiert ist. Daneben bleibt in der Lösung neben dem Kation des Salzes das Anion der hinzugefügten Säure, d. h. das aus der starken Säure durch „Verdrängung" der schwachen entstandene Salz. Die treibende Ursache für den Vorgang liegt aber nicht, wie bisher angenommen, in der „Anziehung" der stärkeren Säure zur Basis, sondern in der Neigung der Ionen der schwachen Säure, in den nichtdissoziierten Zustand überzugehen.

Dieser Vorgang erfolgt nicht so vollständig, wie die Wasserbildung bei der Neutralisation, weil auch die schwachen Säuren stets mehr dissoziiert sind als das Wasser; und zwar ist die „Verdrängung" umso unvollständiger, je stärker die neugebildete Säure dissoziiert ist. Ist die letztere gerade ebenso stark dissoziiert, wie die hinzugefügte Säure, so kann naturgemäß gar nichts erfolgen.

Ganz dieselben Betrachtungen sind für die Einwirkung einer starken Basis auf das Salz einer schwachen usw. anzustellen. Wie sich die Erscheinungen gestalten, wenn der eine oder andere der Stoffe schwer löslich ist und in fester Gestalt ausfällt, wird später erörtert werden.

11. Gleichnamige Säuren und Salze.

Eine erhebliche Wirkung tritt in einem Fall ein, in welchem man sie früher nicht vermutet hat, nämlich wenn Salze und Säure mit gleichen Anionen, allgemein, wenn zwei Elektrolyte mit einem gemeinsamen Ion in der Lösung zusammentreffen.

Sind beide Elektrolyte gleich stark dissoziiert, so erfolgt freilich keine Wirkung von Belang, wohl aber, wenn ein wenig dissoziierter Elektrolyt, also z. B. eine schwache Säure, mit einem stark dissoziierten Elektrolyten mit einem gleichen Anion, also dem Salz der fraglichen Säure, zusammentrifft. Die Folge ist dann stets ein mehr oder weniger erheblicher Rückgang in der Dissoziation des schwachen Elektrolyten. Daraus ergibt sich die Regel: mittelstarke oder schwache Säuren wirken bei Gegenwart ihrer Neutralsalze viel schwächer als in reinem Zustande bei gleicher Konzentration und gleichem Säuretiter.

Um dies einzusehen, braucht man sich nur zu erinnern, dass der Gleichgewichtszustand der teilweise dissoziierten Säure durch die Gleichung

$$ab = kc$$

gegeben ist, wo a die Konzentration des Anions, b die des Kations, also hier des Wasserstoffes, und c die des nicht dissoziierten Anteiles ist, und zwar ist bei schwachen Säuren c groß gegen a und b. Wird nun das Neutralsalz derselben Säure, welches also das gleiche Anion enthält, hinzufügt, so wird dadurch a stark vergrößert, und b muss fast in demselben Verhältnis kleiner werden, da c sich nur wenig vergrößern kann, indem der größere Teil der Säure schon im nicht dissoziierten Zustande vorhanden ist. Es findet also ein starker Rückgang an Wasserstoffion statt. Nun hängen die charakteristischen Reaktionen der Säuren aber gerade von der Konzentration des Wasserstoffions ab; durch den Zusatz des Neutralsalzes werden demnach diese Wirkungen umso mehr geschwächt, je beträchtlicher dieser Zusatz ist, und ferner (wie sich aus der vorstehenden Betrachtung gleichfalls ergibt), je schwächer die fragliche Säure schon an und für sich ist.

Diese Verhältnisse kommen bei der Analyse häufig in Frage, insbesondere in den Fällen, wo saure Reaktion bei möglichst geringer Säurewirkung verlangt wird. In solchen Fällen (z. B. bei der Fällung des Zinks mit Schwefelwasserstoff) pflegt man zu der Lösung, wenn sie eine starke Säure, z. B. Salzsäure enthält, Natriumazetat im Überschuss zuzusetzen. Dies hat nicht nur die Wirkung, dass nach S. 62 an Stelle der stark dissozüerten Salzsäure die schwach dissoziierte Essigsäure tritt, sondern noch die weitere Wirkung, dass bei überschüssigem Azetat auch die Dissoziation der Essigsäure selbst noch in sehr erheblichem Maß herabgedrückt wird. Ein solcher Zusatz hat also den Erfolg, dass man eine Flüssigkeit erhält, die fast wie eine neutrale sich verhält, während sie doch sauer reagiert und diesen annähernd neutralen Zustand auch nicht verliert, wenn im angeführten Falle der Zersetzung eines Zinksalzes durch Schwefelwasserstoff fortwährend freie starke Säure durch die Reaktion in Freiheit gesetzt wird. Denn diese Säure erleidet stets sofort die geschilderten Umwandlungen, und die Konzentration der vorhandenen kleinen Menge Wasserstoffion wird nur um unverhältnismäßig geringe Beträge vermehrt.

Ähnliche Betrachtungen sind anzustellen, wenn eine schwache Basis nebst einem ihrer Neutralsalze sich in der Lösung befindet. Desgleichen gehört hierher die Wechselwirkung zwischen einer starken und einer schwachen Säure (bzw. Base), wobei immer die Dissoziation des schwächeren Teiles herabgedrückt wird. Analytisch kommen diese Fälle weniger in Betracht.

12. Hydrolyse.

Wasser ist zwar ein außerordentlich wenig dissoziierter Stoff, doch haben messende Versuche gezeigt, dass es in der Tat in bestimmtem Maß in Wasserstoff- und Hydroxylionen zerfallen ist, und sie haben auch den Betrag der Dissoziation kennen gelehrt. Danach enthält das Wasser ein Mol seiner Ionen in rund zehn Millionen Liter. Mit steigender Temperatur nimmt die elektrolytische Dissoziation des Wassers schnell zu.

Durch diesen Umstand wird bewirkt, dass der S. 62 geschilderte Vorgang bei der Neutralisation nicht vollständig verläuft, sondern dass zuletzt noch so viel Wasserstoff- und Hydroxylion unverbunden bleiben, als im Wasser gewöhnlich vorhanden sind. Dieser Rest ist, wie angegeben, äußerst gering und kommt für gewöhnlich nicht in Betracht. Doch sind Umstände möglich, unter denen diese geringe Größe eine messbare Wirkung ausübt, und diese treten ein, wenn entweder die Säure oder die Basis, oder gar beide sehr wenig dissoziiert oder sehr schwach sind.

Die Gegenwart von Wasserstoffion in der Lösung eines neutralen Salzes bewirkt nämlich nach den Gesetzen des chemischen Gleichgewichtes, dass neben dem freien Anion des Salzes auch eine entsprechende Menge nicht dissoziierter Säure vorhanden ist, entsprechend der mehrfach gebrauchten Gleichung $a\,b = k\,c$. Hat nun k, wie bei den starken Säuren, einen großen Wert, so ist c sehr klein, da das Produkt ab, welches durch die Dissoziation des Wassers bedingt ist, seinerseits sehr klein ist. Ist aber der Wert von k gering, so wächst c, die Konzentration des nicht dissoziierten Anteiles der Säure, in gleichem Maß, und nähert sich k in seiner Größenordnung der Dissoziationskonstante des Wassers, so tritt c in das Gebiet der Messbarkeit, und man kann in der Lösung des Neutralsalzes einer solchen Säure ihre Gegenwart in nicht dissoziiertem Zustand erkennen. Ein Beispiel hierfür ist Zyankalium: Blausäure hat eine äußerst kleine Dissoziationskonstante, deshalb enthält eine wässerige Lösung von Zyankalium eine messbare Menge nicht dissoziierten Zyanwasserstoffes, welchen man durch den Geruch wahrnehmen kann.

Ein anderer Umstand, welcher solchen Salzen eigen ist, ist ihre alkalische Reaktion. Alkalische Reaktion beruht auf der Gegenwart von Hydroxylion; damit sie merklich wird, muss dessen Konzentration einen gewissen Betrag überschreiten, der von der Empfindlichkeit des Prüfmittels (Farbstoff oder dergleichen) abhängig ist. Nun haben wir gesehen, dass bei den Salzen schwacher Säuren eine gewisse Menge nicht dissoziierter Säure entsteht, für die das erforderliche Wasserstoffion aus dem Wasser genommen wird. Da im Wasser, welches ein Stoff von konstanter Konzentration ist, nach dem Gleichgewichtsgesetz das Produkt der Konzentrationen des Hydroxyl- und des Wasserstoffions einen konstanten Wert haben muss, so muss, wenn letztere auf den n-ten Teil vermindert werden, die erstere auf den n-fachen Betrag wachsen und geht, wenn n eine große Zahl ist, in das Gebiet der Messbarkeit über.

Ganz die gleichen Betrachtungen lassen sich für die Salze schwacher Basen anstellen; solche werden sauer reagieren und die Gegenwart nicht dissoziierter Basen erkennen lassen.

Sind sowohl Säure wie Basis schwach, so unterstützen sich die geschilderten Vorgänge wechselseitig in der Richtung, dass merkliche Mengen von nicht dissoziierter Säure wie Basis entstehen; die Bildung überschüssigen Hydroxyl- und Wasserstoffions erfährt aber eine gegenseitige Einschränkung, da die Kationen der Basis das eine, die Anionen der Säure das andere verbrauchen.

Da mit steigender Temperatur die Dissoziation, d. h. die Konzentration des Wasserstoff- und Hydroxylions im Wasser zunimmt, so findet auch eine Verstärkung der Hydrolyse statt.

13. Heterogenes Gleichgewicht. Das Verteilungsgesetz.

Ist das Gebilde, in welchem Gleichgewicht herrscht, durch physische Unstetigkeitsflächen in mehrere Teile getrennt, so gilt der Satz, *dass in zwei angrenzenden Gebieten oder Phasen die Konzentrationen jedes Stoffes, der in beiden Gebieten vorkommt, in einem konstanten Verhältnis stehen.* Bezeichnet man daher die Konzentration eines Stoffes A im ersten Gebiet mit α', im zweiten Gebiet mit α'', so gilt

$$\alpha' = k\,\alpha'',$$

wo k ein Koeffizient ist, welcher von der Natur der Stoffe und der Temperatur abhängt.

Solche Gleichungen sind für jeden vorhandenen Stoff aufzustellen. Hier gilt wiederum die Bemerkung, dass Ionen wie selbständige Stoffe zu behandeln sind; ebenso sind verschiedene Modifikationen eines Stoffes als verschiedene Stoffe zu betrachten.

Auch für dieses Gesetz gilt ähnliches, wie es beim vorigen bemerkt worden ist; es ist ein Grenzgesetz für verdünnte Lösungen oder Gase, während für konzentrierte Lösungen die Konzentrationsfunktion unbekannt ist.

Einzelne Fälle dieses Gesetzes sind bereits früher erörtert worden. So ist das Absorptionsgesetz der Gase (S. 43) nur ein besonderer Fall, wie aus dem Vergleich der beiden Formulierungen unmittelbar ersichtlich wird. Ebenso gehört hierher das Gesetz von der Löslichkeit fester Stoffe in Flüssigkeiten sowie das Dampfdruckgesetz. In diesen beiden Fällen bleibt der Zustand des Stoffes in einer der beiden Phasen stets derselbe; der feste Stoff neben seiner Lösung und die Flüssigkeit neben ihrem Dampf ändern beide zwar ihre Menge, nicht aber ihre Beschaffenheit, und daher auch nicht das, was ihre Konzentration genannt worden ist. In der Gleichung bleibt daher einer der beiden Faktoren α' oder α'' konstant, und daher muss es auch der andere bleiben: daher kommt jedem Stoff eine bestimmte Löslichkeit und ein bestimmter Dampfdruck zu, der von der Natur der Stoffe und der Temperatur, nicht aber von den vorhandenen Mengen und Volumen abhängt.

Der gleiche Umstand tritt auch im Falle des homogenen Gleichgewichtes häufig auf. Man unterscheidet daher zweckmäßig von vornherein *Zustände konstanter Konzentration* von denen *veränderlicher Konzentration.* Konstante Konzentration besitzen feste Stoffe fast allgemein, und von flüssigen die einheitlichen, die keine Lösungen sind. Veränderliche Konzentration kommt dagegen den Gasen sowie den gelösten Stoffen zu. Als Stoffe von angenähert konstanter Konzentration lassen sich ferner solche Bestandteile flüssiger oder gasförmiger Lösungen betrachten, welche im Verhältnis zu den andern Stoffen in sehr bedeutender Menge vorhanden sind; sie ändern durch den Vorgang ihre Konzentration allerdings, aber in einem umso geringeren Grade, als ihre Menge die der andern Stoffe überwiegt, und können daher in vielen Fällen wie reine Stoffe betrachtet werden.

Diese beiden einfachen Gesetze, das Massenwirkungs- und das Verteilungsgesetz, gestatten nun, grundsätzlich die ganze Mannigfaltigkeit der Erscheinungen der chemischen (einschließlich der sogenannten physikalischen) Gleichgewichtszustände zu umfassen. In der Folge wird sich vielfältig die Gelegenheit bieten, zu der abstrakten allgemeinen Fassung die belebende Anschauung durch die Untersuchung einzelner Fälle zu liefern.

§ 3. Der Verlauf chemischer Vorgänge.

14. Die Reaktionsgeschwindigkeit.

Neben der Kenntnis des Gesetzes der chemischen Gleichgewichtszustände bedarf der Analytiker noch der des *Verlaufes* chemischer Vorgänge. Denn wenn auch die meisten analytisch verwerteten Vorgänge Ionenreaktionen sind, welche in unmessbar kurzer Zeit zu Ende gehen, so kommen doch einzelne Prozesse vor, welche nicht in diese Gruppe gehören, und zu deren Beurteilung jene Kenntnis erforderlich ist.

Für die Geschwindigkeit einer Reaktion gilt ein ähnlicher Ausdruck, wie er für das Gleichgewicht aufgestellt worden ist, wie denn der Gleichgewichtszustand in der Tat sich als der Zustand definieren lässt, in welchem die Geschwindigkeit der entgegengesetzt verlaufenden Vorgänge gleich groß geworden ist. Es ist nämlich die Geschwindigkeit eines Vorganges direkt proportional der Konzentration jedes beteiligten Stoffes, wobei, wenn mehrere Molekeln eines Stoffes beteiligt sind, seine Konzentration auf die entsprechende Potenz zu erheben ist. Unter der Geschwindigkeit des Vorganges wird dabei das Verhältnis der umgewandelten Stoffmenge zu der dabei verlaufenen Zeit verstanden. Die Stoffmengen sind hier wie immer nicht in absoluten Gewichtsmengen, sondern nach Molen zu rechnen.

Die verschiedenen Fälle des Reaktionsverlaufes, wie sie sich je nach der Zahl der reagierenden Stoffe und je nach ihrem ursprünglichen Mengenverhältnis gestalten, haben das Gemeinsame, dass sie mit dem größten Wert der Geschwindigkeit beginnen, worauf die Geschwindigkeit immer kleiner wird. Sie geben sämtlich das theoretische Resultat, dass die Reaktion erst nach unendlich langer Zeit vollständig wird. Für die praktische Anwendung kann man sich die Regel merken, dass nach einer Zeit, die zehn- bis zwanzigmal so groß ist, wie die zum Ablauf der Hälfte der Reaktion erforderliche, der noch ausstehende Rest unter den Betrag des Messbaren herabgegangen zu sein pflegt.

15. Einfluss der Temperatur.

Die Temperatur hat eine ungemein große Wirkung auf die Geschwindigkeit chemischer Vorgänge; in vielen der bisher gemessenen Fälle verdoppelt sich die Geschwindigkeit durch eine Temperaturerhöhung von etwa zehn Graden. Man wird also in allen Fällen, wo es sich um langsam verlaufende Vorgänge handelt, bei höherer Temperatur weitaus schneller zum Ende gelangen.

16. Katalyse.

Einen ganz besonderen Einfluss auf die Reaktionsgeschwindigkeit üben in einzelnen Fällen gewisse Stoffe aus, obwohl sie sich an dem Vorgange nicht sichtlich beteiligen; man nennt diese Wirkung eine katalytische und die fraglichen Stoffe Katalysatoren. Neben spezifischen Katalysatoren, welche bei bestimmten Reaktionen wirksam sind (z. B. Eisensalze bei Oxydations- und Reduktionsvorgängen), lassen sich als ziemlich allgemeine Katalysatoren die Säuren nennen. Man darf den Satz aussprechen, dass in sehr vielen Fällen langsam verlaufende Vorgänge durch die Gegenwart von Säuren beschleunigt werden (vorausgesetzt, dass die Säuren nicht irgendwelche chemische Verbindungen mit den reagierenden Stoffen eingehen), und zwar ist diese Wirkung proportional der „Stärke" der Säuren oder, genauer gesprochen, proportional der Konzentration des freien Wasserstoffions in der Flüssigkeit. So wird beispielsweise die Umwandlung der Pyro- und der Metaphosphorsäure zu Orthophosphorsäure in wässeriger Lösung durch die Gegenwart von Salpeter- oder Salzsäure sehr beschleunigt, während die wenig dissoziierte Essigsäure fast ohne jede Wirkung ist.

17. Heterogene Gebilde.

Die vorstehenden Bemerkungen galten für homogene Gebilde. In heterogenen ist die Geschwindigkeit der Vorgänge außerdem noch der Größe der Berührungsfläche proportional. Da der Vorgang nur an der Berührungsfläche selbst erfolgt, wo die Geschwindigkeit infolge der Sättigung sehr schnell abnimmt, so ist zur Beschleunigung eine kräftige mechanische Vermischung der gesamten Reaktionsmasse wesentlich, nachdem man durch feines Pulvern oder ähnliche Maßnahmen für eine möglichst ausgedehnte Oberfläche gesorgt hat.

Auch bei Gasen sind katalytische Wirkungen bekannt, die oft von chemisch indifferenten Stoffen mit großen Oberflächen auszugehen pflegen. Insbesondere wirkt fein zerteiltes Platin, Iridium und Palladium außerordentlich beschleunigend auf Oxydationsvorgänge.

§ 4. Die Fällung.

18. Allgemeines.

Es wurde schon bei früherer Gelegenheit erwähnt, dass von den möglichen Zusammenstellungen zum Behuf der Trennung der Fall fest-flüssig sich technisch am leichtesten und vollkommensten behandeln lässt. Demgemäß sind die Maßnahmen der chemischen Vorbereitung ganz vorwiegend auf die Herstellung dieses Falles gerichtet, und ist die Operation der *Fällung* eine der häufigsten der analytischen Chemie.

Eine Fällung entsteht, wenn in einer Lösung die Bestandteile eines Stoffes zusammentreffen, der unter den vorhandenen Umständen nicht vollständig löslich ist. Jeder Fällung geht somit ein *Übersättigungszustand* voraus, und nach vollzogener Fällung ist die Flüssigkeit in Bezug auf den gefällten festen Stoff *gesättigt,* oder mit ihm im Gleichgewicht. Grundsätzlich gesprochen ist keine Fällung jemals vollständig, und die Aufgabe des Analytikers ist es, geeignete Verhältnisse aufzusuchen, um den gelösten bleibenden Rest so klein als möglich zu machen.

19. Die Übersättigung.

Wenn eine Lösung von einem festen Stoff oder seinen Bestandteilen mehr enthält, als dem Zustande des Gleichgewichtes entspricht, so nennt man sie in Bezug auf den festen Stoff übersättigt. Die Abscheidung des festen Stoffes aus einer solchen Lösung ist innerhalb einer gewissen

Grenze so lange nicht notwendig, als noch keine Spur des Stoffes in festem Zustande zugegen ist, und man kann eine übersättigte Lösung, die man gegen eine derartige Berührung schützt, häufig beliebig lange aufbewahren, ohne dass sich etwas ausscheidet. Ist etwas von dem festen Stoffe zugegen, so ist die Ausscheidung bis zur Herstellung des Gleichgewichtes notwendig. Da diese aber nur an der Berührungsfläche zwischen dem festen Stoff und der Lösung erfolgt, so kann unter Umständen, nämlich wenn die Berührungsfläche gering ist und mechanische Bewegung vermieden wird, die Übersättigung auch unter dieser Bedingung unter langsamer Abnahme noch sehr lange bestehen bleiben.

Auch ohne die Gegenwart des festen Stoffes kann aus übersättigten Lösungen die Ausscheidung erfolgen. Dies geschieht umso leichter und sicherer, je größer das Verhältnis zwischen der augenblicklichen Konzentration und der schließlichen, dem Gleichgewicht entsprechenden ist. Ferner wird häufig die Bildung der ersten Ausscheidung durch lebhafte Bewegung, wie Umschütteln, Durchrühren und dergleichen, befördert.

Hiernach tritt Übersättigung unter sonst gleichen Umständen umso leichter ein, je löslicher der Stoff ist. Die drei Sulfate des Bariums, Strontiums und Kalziums sind gute Beispiele dafür; während der Niederschlag des ersten Salzes auch in sehr verdünnten Lösungen fast augenblicklich entsteht, braucht der des zweiten eine messbare Zeit, und beim Gips kann eine mäßige Übersättigung Wochen und Monate andauern. Doch ist auch ein Einfluss der besondern Natur des Stoffes unverkennbar, durch welchen einzelne Verbindungen besonders leicht, andere besonders schwer Übersättigungserscheinungen zeigen.

Zur Aufhebung der Übersättigung ist das wirksamste Mittel eine ausgiebige Berührung der Lösung mit dem fraglichen Stoff im festen Zustande, wie sie durch andauerndes Umrühren (nachdem sich bereits ein Niederschlag gebildet hat) zu erreichen ist. Im Übrigen ist diese Aufhebung eine Zeiterscheinung von dem allgemeinen Charakter solcher, wie er früher (S. 68—69) geschildert worden ist.

20. Das Löslichkeitsprodukt.

Nur in sehr seltenen Fällen sind die bei der Analyse auftretenden Niederschläge in unverändertem Zustande löslich. Vielmehr sind sie fast ausnahmelos Elektrolyte oder Salze, und ihre wässerigen Lösungen enthalten im Wesentlichen die Ionen der Verbindung neben einem sehr kleinen Teil des nichtdissoziierten Salzes. Da es sich in unserm Falle stets um sehr schwer lösliche Stoffe handelt, so kann man ihre Lösungen stets mit genügender Annäherung als ganz dissoziiert ansehen.

Der Analytiker hat nun die Aufgabe, behufs möglichst vollständiger Abscheidung seiner Niederschläge in der Lösung einen solchen Zustand herzustellen, dass der Niederschlag darin möglichst wenig löslich ist. Im Falle einheitlich löslicher oder indifferenter Stoffe ist der Weg dazu einerseits niedrige Temperatur, anderseits können Zusätze zum Lösungsmittel dienen, welche die Löslichkeit vermindern. Solche Zusätze bestehen aus Stoffen, in denen der feste Stoff noch weniger löslich ist, als in dem Hauptbestandteil der Flüssigkeit; so wird manche organische Verbindung aus ihrer ätherischen Lösung durch leichtes Petroleum, oder Harz aus alkoholischer Lösung durch Wasser gefällt.

In dem Falle, dass der Niederschlag ein Elektrolyt ist, gibt es nun ein sehr ausgiebiges Mittel, seine Löslichkeit zu vermindern; es besteht dies in dem *Zusatz eines andern Elektrolyts, welcher ein Ion mit dem Niederschlage gemein hat.*

In der gesättigten wässerigen Lösung eines Elektrolyts besteht nämlich ein zusammengesetztes Gleichgewicht. Einmal steht der feste Stoff im Gleichgewicht mit dem nicht dissoziierten Anteil des in Lösung befindlichen gleichen Stoffes; sodann ist aber dieser nichtdissoziierte Anteil seinerseits im Gleichgewicht mit dem dissoziierten Teil oder den Ionen des gleichen Stoffes. Das erste Gleichgewicht ist durch das Gesetz der proportionalen Konzentration geregelt; da es sich hier um einen Stoff von unveränderlicher Konzentration (den festen) handelt, so muss die Konzentration des nicht dissoziierten Anteiles in der Lösung einen ganz bestimmten Wert haben. Für das zweite Gleichgewicht haben wir im einfachsten Falle, dass die Ionen der Verbindung einwertig sind, wenn wir die Konzentration der Ionen mit a und b, und die des nicht dissoziierten Anteiles mit c bezeichnen (S. 60),

$$ab = k\,c.$$

Da c wie wir eben gesehen haben bei gegebener Temperatur konstant ist, so muss es auch k c und somit ab sein. Es findet also Gleichgewicht zwischen dem Niederschlag und der darüber stehenden Flüssigkeit statt, wenn das Produkt der Konzentration der beiden Ionen, in die der Niederschlag zerfällt, einen bestimmten Wert hat. Wir können dies Produkt kurzweg das *Löslichkeitsprodukt* nennen.

Besteht der Elektrolyt aus mehrwertigen Ionen in der Zusammensetzung $A_m\,B_n$, so nimmt das Löslichkeitsprodukt die Gestalt an

$$a^m b^n = \text{konst.}$$

Jedes Mal, wenn in einer Flüssigkeit das Löslichkeitsprodukt eines festen Salzes überschritten ist, ist die Flüssigkeit in Bezug auf das feste Salz übersättigt; jedes Mal, wenn in der Flüssigkeit das Löslichkeits-

produkt noch nicht erreicht ist, wirkt diese lösend auf den festen Stoff. In diesen einfachen Sätzen steckt die ganze Theorie der Niederschläge, und alle Erscheinungen, sowohl die der Löslichkeitsverminderung, wie die der sogenannten abnormen Löslichkeitsvermehrung finden durch sie ihre Erklärung und lassen sich gegebenenfalls voraussehen.

Was zunächst die Anwendung des Satzes auf die Vollständigkeit der Abscheidung eines gegebenen Stoffes anlangt, so ist zu beachten, dass die analytische Aufgabe stets darin besteht, ein bestimmtes *Ion* abzuscheiden. So wird der Niederschlag von Bariumsulfat entweder erzeugt, um das vorhandene Sulfation SO_4'', oder das Bariumion $Ba^{..}$ zu bestimmen, und man bringt die Abscheidung im ersten Falle durch den Zusatz eines Bariumsalzes, im zweiten Falle durch den eines Sulfats hervor. Denken wir uns, es handle sich um den ersten Fall. Setzen wir genau die dem SO_4'' äquivalente Menge Bariumsalz hinzu, so bleibt etwas SO_4'' gelöst, nämlich so viel, dass die Menge mit dem gleichfalls noch vorhandenen Ion $Ba^{..}$ das Löslichkeitsprodukt des Bariumsulfats ergibt. Setzen wir nun noch etwas Bariumsalz hinzu, so wird der entsprechende Faktor des Produkts vermehrt, der andere muss daher kleiner werden, und es schlägt sich noch etwas Bariumsulfat nieder. Durch weitere Vermehrung des Bariumsalzes wird eine weitere Wirkung in demselben Sinne hervorgebracht, doch kann die Menge des Sulfations nie gleich Null werden, da man die Konzentration des Bariumions nie unendlich machen kann.

Daraus ergibt sich die Bedeutung der altbekannten Regel, die Fällung stets mit einem Überschuss des Fällungsmittels zu bewirken. Es ergibt sich aber auch die weitere Regel, dass dieser Überschuss umso beträchtlicher sein muss, je löslicher der Niederschlag ist. Denn um die Konzentration des zu fällenden Ions auf den n-ten Teil derjenigen herabzubringen, welche es in der rein wässerigen Lösung des Niederschlages hat, bedarf es der n-fachen Menge des andern Ions; somit hat für diesen Zweck die Menge des andern Ions in demselben Verhältnis zuzunehmen, wie die Löslichkeit. Stellt man gar die Aufgabe so, dass die Löslichkeit auf einen gegebenen *absoluten* Betrag des zu fällenden Ions herabgedrückt werden soll, so muss die Konzentration des fällenden Ions noch weiter in dem Verhältnis der beiden Löslichkeitsprodukte vervielfacht werden, damit der Zweck erreicht wird.

Im Übrigen genügen bei den meisten Niederschlägen schon ziemlich kleine Überschüsse des Fällungsmittels, um den Zweck erreichen zu lassen. Ein für analytische Zwecke geeigneter Niederschlag muss eben von vornherein ein kleines Löslichkeitsprodukt besitzen.

Was für die Fällung der Niederschläge gilt, behält auch für das Auswaschen seine Bedeutung bei. Wenn der Niederschlag in reinem Wasser merklich löslich ist, so kann man Verluste dadurch vermeiden, dass man mit einer Lösung auswäscht, welche ein Ion des Niederschlages enthält. So wäscht man Bleisulfat besser mit verdünnter Schwefelsäure als mit reinem Wasser, und ebenso Merkurochromat mit einer Lösung von Merkuronitrat aus. Diese Waschflüssigkeiten sind aus naheliegenden Gründen am einfachsten verdünnte Lösungen des Fällungsmittels; man wählt sie so, dass sie bei der nachfolgenden Behandlung des Niederschlages keine oder möglichst geringe Störung verursachen.

21. Einige Fällungsreaktionen.

Fällung erfolgt den eben dargelegten Grundsätzen gemäß jedes Mal, wenn sich in einer Flüssigkeit Ionen zusammenfinden, welche zu einem Stoff von geringer Löslichkeit oder kleinem Löslichkeitsprodukt gehören. Am einfachsten gestalten sich die Verhältnisse bei den Neutralsalzen, welche, wie angegeben (S. 57) meist annähernd gleich stark dissoziiert sind; dann genügt es, wenn zwei Salze, welche je eines der fraglichen Ionen neben je einem ganz beliebigen andern enthalten, zusammengebracht werden; so gibt jedes beliebige Bariumsalz mit jedem beliebigen Sulfat einen Niederschlag von Bariumsulfat.

Verwickeltere Verhältnisse treten auf, wenn Säuren oder Basen ins Spiel kommen, da bei diesen alle Grade der Dissoziation, von der stärksten bis zur schwächsten, auftreten können, wodurch unter Umständen Fällungen ausbleiben können, welche bei Anwendung der entsprechenden Neutralsalze auftreten. So werden Kalziumsalze durch alle Karbonate gefällt; freie Kohlensäure ist aber ohne Wirkung auf sie. Dies rührt daher, dass die löslichen Karbonate normal dissoziiert sind; bringt man ihre Lösung zu der eines Kalziumsalzes, so ist das Produkt des Karbonations und des Kalziumions sehr viel größer als das Löslichkeitsprodukt des Kalziumkarbonats, und der Niederschlag erfolgt. Eine wässerige Lösung von Kohlensäure enthält aber, da die Kohlensäure eine äußerst schwache Säure ist, nur einen verschwindend kleinen Anteil von Karbonation; trotz der reichlichen Menge von Kalziumion wird der Wert des Löslichkeitsproduktes nicht erreicht, und es kann sich kein Niederschlag von Kalziumkarbonat bilden.

Etwas verwickelter ist der Fall bei den Bleisalzen. Bleikarbonat ist weniger löslich als Kalziumkarbonat, und daher wird bei Lösungen von mäßiger Konzentration, in die man Kohlensäure einleitet, der Wert des Löslichkeitsproduktes trotz der geringen Dissoziation der Kohlensäure in CO_3'' und $2\,H\cdot$ erreicht, so dass eine Fällung eintritt. Dadurch verschwindet einerseits Pb···-ion, anderseits CO_3''-ion, und es bleiben übrig Wasserstoffion aus der dissoziierten Kohlensäure und das Anion des Bleisalzes, also $2NO_3'$, wenn Bleinitrat genommen war, d. h. es entsteht freie Salpetersäure. Wird nun die Reaktion fortgesetzt, so vermehrt sich die Konzentration der letztern, d. h. des Wasserstoffions; dieses aber hindert die hinzukommende Kohlensäure zunehmend an der Dissoziation und der Bildung von Karbonation (S. 64), so dass nach einiger Zeit ein Grenzzustand erreicht wird, bei welchem sich kein neues Karbonation mehr bildet, und also kein Bleikarbonat mehr gefällt werden kann.

Wann dieser Zustand eintritt, hängt vom Anion des Bleisalzes ab. Ist es das einer starken Säure, so bleibt das Wasserstoffion in seinem Zustand und erreicht bald die kritische Konzentration. Ist es dagegen das einer schwachen Säure, so verbindet sich das Wasserstoffion zu größerem oder geringerem Teile mit dem Anion zu nicht dissoziierter Säure, und die Zersetzung kann viel weiter gehen. So wird Bleiazetat durch Kohlensäure zu zwei Dritteln zersetzt, Bleinitrat dagegen nur spurenweise.

Setzt man von vornherein etwas von einer starken Säure zum Bleisalz, so kann jede Fällung vermieden werden, indem wegen des vorhandenen Wasserstoffions die eingeleitete Kohlensäure sich nicht so weit dissoziieren kann, um mit dem Bleiion den Wert des Löslichkeitsproduktes zu ergeben. Anderseits kann man die Zersetzung des Bleiazetats bedeutend vermehren, wenn man ein anderes lösliches Azetat hinzufügt. Dadurch wird nämlich das Anion der Essigsäure vermehrt und ist imstande, viel mehr von dem frei werdenden Wasserstoffion zu nicht dissoziierter Essigsäure zu binden, bevor deren kritische Konzentration erreicht wird, bei welcher die Dissoziation der Kohlensäure und somit die Fällung von Bleikarbonat aufhört.

Ganz gleiche Betrachtungen lassen sich für die analytisch so wichtige Fällung der Metallsalze durch Schwefelwasserstoff anstellen. Da ohnedies im speziellen Teil auf diese Fragen eingegangen werden soll, so mag hier die Andeutung genügen.

Von gleichen Ursachen sind die Verschiedenheiten in der Wirkung basischer Fällungsmittel bedingt; das stark dissoziierte Ätzkali fällt alle schwerlöslichen Hydroxyde, während das schwache Ammoniak nur die schwachbasischen unter ihnen zu fällen vermag, aus Kalziumsalzen aber beispielsweise kein Hydroxyd trotz dessen Schwerlöslichkeit fällt.

22. Auflösung der Niederschläge.

Die Sätze vom Löslichkeitsprodukt gestatten uns, auch über die Frage, durch welche Ursachen Niederschläge wieder löslich werden, vollständige Auskunft zu erhalten. Wir werden erwarten, dass alle Ursachen, welche einen der Bestandteile des Niederschlages in der Lösung (nämlich eines der Ionen, oder auch den nicht dissoziierten Teil) vermindern oder zum Verschwinden bringen, die Löslichkeit des Niederschlages vermehren müssen. Und zwar wird auf Zusatz eines darartigen Stoffes so viel vom Niederschlag in Lösung gehen, bis sich der bestimmte Wert des Produktes wiederhergestellt hat.

Der einfachste und bekannteste hergehörige Fall ist die Auflösung einer „unlöslichen" Basis in einer Säure. Wenn beispielsweise Magnesiumhydroxyd mit Wasser in Berührung ist, so bildet sich eine Lösung, welche neben sehr geringen Mengen nichtdissoziierten Hydroxyds die Ionen Magnesium und Hydroxyl enthält. Setzt man eine Säure dazu, z. B. Chlorwasserstoff, dessen Lösung wesentlich aus Wasserstoff- und Chlorion besteht, so vereinigt sich alsbald das Wasserstoffion mit dem Hydroxylion zu Wasser[9]. Dadurch wird das „Konzentrationsprodukt" Magnesium mal Hydroxyl[10] kleiner als das Löslichkeitsprodukt, und es geht neue Magnesia in Lösung, worauf sich das frühere Spiel wiederholt. Dies dauert so lange, bis alles Wasserstoffion der Salzsäure verbraucht ist; in der Lösung befindet sieh die entsprechende Menge von Magnesiumion neben Chlorion, das unverändert geblieben ist, d. h. Chlormagnesium. Vom Magnesiumhydroxyd löst sich in der Salzlösung natürlich weniger auf, als in reinem Wasser, da jetzt eine große Konzentration von Magnesiumion vorhanden ist.

Ganz ebenso lässt sich die Wirkung einer löslichen Basis auf eine schwerlösliche Säure (mit der sie ein leichtlösliches Salz bildet) erklären.

Auch die lösende Wirkung der Säuren auf manche schwerlöslichen Neutralsalze ist von ganz ähnlichen Ursachen abhängig. Wenn z. B. Salzsäure auf Kalziumphosphat wirkt, so verbindet sich das in der Lösung vorhandene Phosphation mit dem Wasserstoffion der Salzsäure, und beide treten, da die Phosphorsäure eine viel schwächer dissoziierte Substanz ist, als Salzsäure, zum größten Teil zu nichtdissoziierter Phosphorsäure zusammen. Es verschwindet dadurch Phosphation, und neues Kalziumphosphat muss in Lösung gehen; und so fort. Nur unterscheidet sich dieser Fall von dem vorigen dadurch, dass die Salzsäure nicht völlig die äquivalente Menge von Kalziumphosphat in Lösung bringen kann. Denn da die Phosphorsäure schon für sich dissoziiert ist, wenn auch viel weniger, als die Salzsäure, so wird ihr Anion nicht so vollständig

---

[9] Wasser ist ein äußerst wenig dissoziierter Stoff und bildet sich daher stets, wenn Hydroxylion und Wasserstoffion zusammentreffen.
[10] Strenggenommen Magnesium mal Hydroxyl im Quadrat, da die Formel $Mg(OH)_2 \leftrightarrow Mg + 2 OH'$ ist.

verbraucht, wie im ersten Beispiel das Hydroxyl, sondern es häuft sich umso mehr in der Lösung an, je mehr von dem Wasserstoffion der Salzsäure schon verbraucht ist. Schließlich ist es in so großer Menge vorhanden, dass es mit dem stark vermehrten Kalziumion den Wert des Löslichkeitsproduktes ergibt, und dann hört, obwohl noch Wasserstoffion vorhanden ist, die lösende Wirkung der Salzsäure auf.

Wie man aus dieser Darlegung ersieht, ist eine wesentliche Bedingung für den Vorgang, dass die entstehende Säure wenig dissoziiert ist. Es werden mit andern Worten nur schwerlösliche Salze *schwacher* Säuren durch stärkere Säuren gelöst werden, nicht aber die Salze starker Säuren. Auch wird diese Schlussfolgerung von der Erfahrung durchaus bestätigt; die Halogenverbindungen des Silbers, Barium- und Bleisulfat und andere Verbindungen starker Säuren sind in verdünnten Säuren unlöslich, wenn diese auch zu den stärksten gehören und mit den Kationen der Niederschläge lösliche Salze bilden. Dagegen sind alle Salze schwächerer Säuren in starken Säuren löslich, und zwar gegebenenfalls umso mehr, je schwächer jene Säure ist. So lösen sich die meisten Phosphate leicht in Essigsäure, die Oxalate als Salze einer stärkeren Säure dagegen nur spärlich, dagegen leicht in Salzsäure. Da indessen die Löslichkeit der Niederschläge in den Säuren nicht nur von diesem Umstande, sondern auch von dem Zahlenwerte des Löslichkeitsproduktes abhängt, so ist eine größere Mannigfaltigkeit vorhanden, als nach jenem Umstand allein zu erwarten wäre. So ist beispielsweise Ferriphosphat wegen seines sehr kleinen Löslichkeitsproduktes nicht wie die meisten andern Phosphate in Essigsäure löslich.

Ganz dieselben Betrachtungen finden Anwendung auf die allerdings selten vorkommende Lösung schwerlöslicher Salze schwacher löslicher Basen in starken Basen.

Die eben betrachteten Fälle sind nicht die einzigen, wo durch Reagenzien unlösliche Niederschläge in Lösung gebracht werden; denn die Ionen können noch andere Schicksale erfahren, als den Übergang in Wasser oder in nichtdissoziierte Säuren oder Basen. Jeder Vorgang, durch den die Konzentration eines Ions vermindert wird, wirkt, wie erwähnt, in gleichem Sinne. Um über die Beschaffenheit der möglichen Fälle ein Bild zu geben, seien noch einige Erscheinungen dieser Art besprochen; im speziellen Teile sollen alle derartigen analytisch wichtigeren Reaktionen Erörterung finden.

Tonerde löst sich in Alkalien leicht auf, während sie in Wasser sehr schwer löslich ist. Die rein wässerige Lösung enthält die Ionen $Al^{\cdots}$ und 3 $(OH)'$, und der Niederschlag ist mit diesen sowie mit nichtdissoziiertem gelöstem Aluminiumhydroxyd im Gleichgewicht. Durch den Zusatz des Kalis bildet sich mit letzterem Kaliumaluminat, AlO_3K_3, dessen Ionen A-

IO_3''' und 3 K· sind, und von der gefällten Tonerde muss sich ein Teil lösen, um den umgewandelten Anteil zu ersetzen und das Gleichgewicht herzustellen. Auch dieser wird durch das Kali in gleicher Weise beeinflusst, und dies wiederholt sich, bis das Kali nicht mehr fähig ist, Aluminiumhydroxyd in Kaliumaluminat zu verwandeln. Hier beruht also die Wirkung darauf, dass das Kation Al··· durch Hydroxylion nach der Gleichung Al··· + 6 OH' = AlO_3 + 3 H_2O in das Anion AlO_3''' übergeführt wird und somit für das Gleichgewicht verloren geht.

Einfacher noch erklärt sich die lösende Wirkung des Ammoniaks auf Kupfer-, Silber-, Nickelsalze usw. Hier erfolgt zunächst die S. 74 erwähnte Fällung des Hydroxyds. Beim weiteren Zusatz vereinigt sich das Metallion mit dem überschüssigen Ammoniak zu einem zusammengesetzten Ion von der allgemeinen Formel M· n NH_3; durch das Verschwinden des Metallions wird das Gleichgewicht gestört, es geht neues Hydroxyd in Lösung, dessen Metallion wieder verbraucht wird, und so fort.

Ähnlich erklärt sich die Löslichkeit, welche viele sonst unlösliche Metallverbindungen dem Zyankalium gegenüber zeigen. Ferrohydroxyd wirkt beispielsweise auf Gyan- kalium unter Bildung von Blutlaugensalz und freiem Kali: Fe $(OH)_2$ + 6 KCN = K_4 Fe $(CN)_6$ + 2 KOH. Der Vorgang ist der, dass sich das Ferroion mit Zyanion nach der Gleichung Fe·· + 6 CN' = Fe $(CN)_6'''$ zu Ferrozyanion, dem Anion des Blutlaugensalzes, vereinigt, wodurch in dem Maße, als Ferrohydroxyd in Lösung geht, dieses immer wieder fortgenommen wird, so dass sich stets neues Hydroxyd lösen muss, bis die der Formel entsprechende Menge umgewandelt ist. Die Lösung enthält keine analytisch nachweisbaren Mengen von Ferroion, denn sie gibt keine von den Reaktionen, die den Ferrosalzen zukommen.

23. Komplexe Verbindungen.

Diese letztgenannten Fälle sind dadurch gekennzeichnet, dass von den Ionen des ursprünglichen Salzes eines dadurch zum Verschwinden gebracht wird, dass es als Bestandteil in eine zusammen gesetztere Verbindung eintritt, in welcher es nicht mehr (oder nur in sehr geringem Maße) die Rolle eines Ions spielt. Derartige Fälle sind nicht selten und haben insofern eine besondere Bedeutung für die analytische Chemie, als bei ihrem Auftreten die gewöhnlichen Reaktionen des fraglichen Ions aufhören, um andern Platz zu machen. So haben die ammoniakalischen Silber- und Kupferlösungen wesentlich andere Reaktionen, als die gewöhnlichen Salze dieser Metalle; im Ferrozyankalium ist durch die üblichen Reagenzien kein Eisen nachzuweisen, usw.

Man nennt solche Salze, in welchen Elemente, die sonst als Ionen auftreten können, Bestandteile größerer Komplexe sind, welche das fragliche Ion nicht in nachweisbarem Maß abscheiden, *komplexe Salze.* Man muss von ihnen die gewöhnlichen Doppelsalze, wie Alaun, Kaliummagnesiumsulfat, Karnallit usw. unterscheiden; an diesen sind sämtliche Reaktionen der Bestandteile nachweisbar, und die Verbindungen, die in fester Form sich gebildet haben, sind in der Lösung, wenn nicht gänzlich, so doch zum größten Teil in ihre Bestandteile, bzw. deren Ionen zerfallen. Während daher Doppelsalze keinerlei Änderungen in dem analytischen Nachweis der Bestandteile bedingen, tun es die komplexen Salze.

Was die analytische Behandlung solcher Fälle betrifft, so hat man zwei Wege. Man stellt entweder die analytischen Eigenschaften der komplexen Ionen fest und ermittelt sie, wie einfache Ionen. Oder man zerstört die Komplexe durch passende Eingriffe (Erhitzen mit starken Säuren oder Basen oder dergleichen) und braucht dann die Untersuchung nur auf die einfachen Ionen zu richten.

Endlich sind noch einige Bemerkungen über die relative Beständigkeit der komplexen Ionen zu machen. Diese ist sehr verschieden; während das Ferrozyanion, $Fe(CN)_6''''$ sehr beständig ist und deshalb keine einzige Eisenreaktion gibt, sind andere Komplexe weniger beständig und geben einzelne Reaktionen der einfachen Ionen. So werden die Salze des komplexen Zyansilberions, z. B. das Kaliumsalz $KAg(CN)_2$, zwar nicht durch Chloride, Bromide und Jodide zerstört — diese Stoffe geben die Silberreaktion nicht —, wohl aber durch Schwefelwasserstoff, bzw. Schwefelammonium. Dies zeigt, dass der Komplex $Ag(CN)_2'$ teilweise, wenn auch- in sehr geringem Grade, in die Ionen $Ag\cdot$ und $2\ CN'$ zerfällt. Es ist also in der Lösung des Kaliumsalzes ein sehr geringer, aber doch endlicher Betrag an Silberion vorhanden. Dieser reicht nicht aus, um mit den Halogenen das Löslichkeitsprodukt der entsprechenden schwerlöslichen Salze zu ergeben; das sehr viel kleinere Löslichkeitsprodukt des Schwefelsilbers wird aber bei Gegenwart von Schwefelammonium erreicht, und daher scheidet sich Schwefelsilber ab.

Es ist also ganz wohl möglich, dass komplexe Verbindungen einzelne Reaktionen der einzelnen Ionen geben, und andere nicht; erstere werden immer die *empfindlicheren* sein.

Ganz ähnlich verhalten sich oft die Halogene und die zusammengesetzten Anionen. So sind in solchem Sinne die Sauerstoffsäuren der Halogene, die Halogensubstitutionsprodukte organischer Verbindungen, die sauren Ester der Schwefelsäure und anderer mehrbasischer Säuren komplexe Verbindungen, da sie nicht die Reaktionen der genannten einfachen Ionen geben. Doch sind derartige Erscheinungen in diesem Falle so überaus häufig, dass sie dem Bewusstsein der Chemiker ganz geläufig sind und nicht den scheinbar widersprechenden Eindruck machen, wie die relativ selteneren komplexen Metallverbindungen. Weitere Fälle werden im speziellen Teile behandelt werden.

§ 5. Reaktionen mit Gasentwicklung oder -absorption.

24. Gasentwicklung.

Der zweite Fall, dass die Trennung flüssig-gasförmig angestrebt wird, kommt viel seltener in Frage, als die Fällung. Man kann hier zwei entgegen gesetzte Operationen unterscheiden: es sind entweder Flüssigkeiten gegeben, und man führt einen Bestandteil in ein Gas über, oder es sind gemengte Gase gegeben, und man verwandelt eines derselben in einen flüssigen, bzw. festen Stoff.

Für die Entwicklung eines Gases aus einer Flüssigkeit, in welcher es seinen Bestandteilen nach oder potentiell enthalten ist, gelten ebenso wie bei Fällungen die Gesetze des heterogenen Gleichgewichts. Nur fehlt die Vereinfachung, welche bei der Fällung eintrat, dass einer der Stoffe von konstanter Konzentration ist. Zwar kann man das Gas, solange es rein ist und unter konstantem Drucke (z. B. dem der Atmosphäre) steht, als einen Stoff von konstanter Konzentration betrachten. Durch Beimischung eines andern Gases gelingt es aber leicht, die Konzentration oder den Teildruck auf beliebig kleine Werte herabzubringen, und in dieser Möglichkeit liegt ein wichtiges analytisches Hilfsmittel.

Bei Gaslösungen treten ebenso wie bei Lösungen fester Stoffe sehr leicht Übersättigungserscheinungen ein, die bei geringen Graden lange bestehen können, bei erheblichen dagegen sich freiwillig aufheben und dann zu der Erscheinung des *Aufbrausens* Ursache geben. Das Mittel sie aufzuheben, besteht in der Berührung mit einem *beliebigen* Gas, ist also allgemeiner, als im Falle der festen Körper. Dort, wo die übersättigte Lösung an ein Gas grenzt, findet eine Diffusion des gelösten Gases in das vorhandene statt, die umso schneller erfolgt, je beträchtlicher der Grad der Übersättigung ist. Dadurch dient jede in der Flüssigkeit befindliche Gasblase als Hilfsmittel für die Ausscheidung weiteren Gases. Man macht hiervon Gebrauch, um die letzten Anteile eines Gases, die sich nicht freiwillig entwickeln, mittels Durchleitens eines indifferenten Gasstromes der Flüssigkeit zu entziehen.

Die Menge des Gases, welches ohne dies Mittel in der Flüssigkeit zurückbleiben würde, ist proportional dem Druck, dem Absorptionskoeffizienten des Gases in der Flüssigkeit (der mit steigender Temperatur meist abnimmt) und dem Volum der letztern. Eine freiwillige Gasentwicklung oder ein Aufbrausen wird nur dann eintreten, wenn die entstandene Menge des gasförmigen Stoffes erheblich mehr beträgt, als die gemäß den oben angegebenen Umständen lösliche Menge. Daher ist es in solchen Fällen, wo nur wenig Gas zu erwarten ist, ratsam, mit möglichst konstanten Flüssigkeiten und bei erhöhter Temperatur zu arbeiten.

Gase, welche bei der Auflösung in Wasser größtenteils in Ionen übergehen, lassen sich aus einigermaßen verdünnten Lösungen nicht mehr als solche entfernen. Beispiele sind die Halogenwasserstoffsäuren. Um solche Stoffe gasförmig zu erhalten, muss man sie unter Umständen erzeugen, wo die Ionenbildung unmöglich oder doch möglichst eingeschränkt ist, insbesondere bei Abwesenheit von Wasser. Auch die Austreibung von Chlorwasserstoffgas aus wässeriger Salzsäure durch Zusatz von konzentrierter Schwefelsäure, deren man sich gelegentlich zur Reinigung der rohen Salzsäure bedient, beruht z. T. auf der Rückbildung nicht dissoziierten Chlorwasserstoffes gemäß den Auseinandersetzungen auf S. 64.

Dementsprechend sind auch alle Gase, welche sich vollständig aus der wässerigen Lösung entfernen lassen, entweder indifferenter Natur, oder wenn sie sauer oder basisch sind, so geben sie nur schwache Säuren und Basen. Ammoniak und Schwefeldioxyd bezeichnen ungefähr die Grenze dafür. Dieser Gesichtspunkt ist auch maßgebend für die Überführung vorhandener Stoffe in Gase zum Zweck der Trennung: das entstehende Gas muss möglichst indifferenter Natur sein, denn Ionen sind nicht flüchtig.

Eine schwache Dissoziation ersehwert zwar die Trennung, hebt ihre Möglichkeit aber nicht auf. Denn wenn auch nur der nichtdissoziierte Anteil Gasform annimmt und entfernt werden kann, so wird doch durch Verminderung dieses Anteiles das Gleichgewicht stets in dem Sinne gestört, dass sich neue nichtdissoziierte Substanz auf Kosten der Ionen bildet, bis diese schließlich verschwunden sind.

25. Gasabtorption.

Das Umgekehrte gilt für die chemische Absorption eines Gases: man muss trachten, es in den Ionenzustand überzuführen; saure Gase werden somit durch alkalische, basische durch saure Flüssigkeiten zu absorbieren sein. Indifferente Gase durch Absorption aus einem Gemisch zu entfernen, hält viel schwerer, weil Reaktionen, bei denen Nichtelektrolyte beteiligt sind, meist langsamer als die Ionenreaktionen verlaufen. Im Üb-

rigen ist auch in diesem Falle möglichst ausgiebige Berührung anzustreben, worüber schon früher das Erforderliche gesagt worden ist.

Chemische Gasabsorption durch feste Stoffe findet unter den gleichen
Umständen statt. Die wesentliche Rolle der Ionen hierbei tritt durch den
Umstand zutage, dass mit vollkommen trockenen Substanzen die ge-
wohnten Reaktionen zwischen Gasen allein, sowie zwischen Gasen und
festen Körpern auszubleiben pflegen. Eine besondere Vorsicht in dieser
Richtung ist bei der Analyse nur selten zu beobachten erforderlich, da die
meisten Stoffe bei ihrer Handhabung genug Feuchtigkeit anziehen, damit
sich die erforderliche äußerst geringe Menge der Ionen bilden und die
Reaktion eintreten kann. Ob diese Erklärung in allen derartigen Fällen
zutrifft, ist allerdings bisher noch nicht eingehend genug untersucht
worden.

§ 6. Reaktionen mit Ausschütteln.

26. Einfluss des Ionenzustandes.

Bei Trennungen mit Hilfe zweier nicht mischbarer Lösungsmittel handelt es sich stets einerseits um wässerige Lösungen, und man kann sich
wiederum die Regel merken, dass *Ionen* die wässerige Lösung ebenso
wenig in diesem Falle verlassen, wie sie geneigt sind, Gasgestalt anzunehmen. Um also einen Stoff mit Äther, Benzol oder dergleichen aus
seiner wässerigen Lösung zu entfernen, muss er in einen Zustand
übergeführt werden, in welchem er weder selbst ein Ion, noch auch ein
Bestandteil eines solchen ist.

Bei teilweise dissoziierten Stoffen gelten gleichfalls die Betrachtungen
von S. 64. Der Ausschüttelung unterliegt praktisch nur der nichtdissoziierte Anteil, und auf ihn allein bezieht sich der Teilungskoeffizient und das
S. 66 dargelegte Gesetz. Um also solche Stoffe möglichst vorteilhaft
auszuschütteln, wird man die Umstände so zu regeln suchen, dass der
nichtdissoziierte Anteil möglichst groß ist. Hierzu dient einerseits mög-
lichste Konzentration der wässerigen Lösung, sodann ist aber bei mittelstarken Säuren ein Zusatz von sehr starker Säure, z. B. Salzsäure, bei
mittelstarken Basen ein Zusatz von Alkali von großem Nutzen. Denn
durch solche Zusätze wird gemäß den Darlegungen auf S. 64 der nichtdissoziierte Anteil erhöht, und eine gegebene Menge des zweiten Lösungsmittels entzieht der wässerigen Lösung mehr von dem fraglichen
Stoff, als ohne den Zusatz.

Es ist zu erwarten, dass man die Trennungsmethoden durch Ausschütteln, z. B. in Bezug auf Alkaloide, noch mehr wird ausbilden können,
als es zurzeit geschehen ist. Insbesondere wird man Unterschiede zwi-

schen starksaurer Lösung (Salzsäure) und schwachsaurer (Essigsäure plus Natriumazetat) machen können, von denen die eine Stoffe zurückhalten wird, welche sich aus der andern werden ausschütteln lassen.

§ 7. Das elektrische Verfahren.

27. Reaktionen an den Elektroden.

Verschieden von allen bisher besprochenen Trennungs und Scheidungsmethoden sind die elektrolytischen, da bei ihnen die chemische Umwandlung und die mechanische Trennung in einem Akt zusammen fällt. Das Verfahren beruht darauf, dass durch die Einwirkung eines elektrischen Stromes die mit positiver Elektrizität behafteten Kationen sich im Sinne des positiven Gefälles der elektrischen Spannung, die Anionen im entgegen gesetzten Sinne bewegen. Solange diese Bewegungen innerhalb der elektrolytischen Flüssigkeit stattfinden, stehen sie unter dem Gesetze, dass in jedem Räume gleichviel positive und negative Elektrizität, also auch äquivalente Mengen positiver und negativer Ionen sich befinden müssen. Denn nach dem Faradayschen Gesetz sind äquivalente Mengen beliebiger Ionen mit gleichen Mengen Elektrizität verbunden, die Kationen mit positiver, die Anionen mit negativer. Dadurch wird bewirkt, dass, solange der Strom nur innerhalb der Flüssigkeit verläuft, durch ihn überhaupt keine Trennung hervorgebracht wird; die Ionen verschieben sich zwar gegeneinander, aber es tritt in jedem Räume der Flüssigkeit genau so viel von jeder Ionenart wieder ein, als durch den Einfluss des Stromes eben ausgetreten war.

Ganz andere Verhältnisse machen sich geltend, wenn der elektrische Strom veranlasst wird, aus der Flüssigkeit herauszutreten. Wieder kann dies nur so geschehen, dass gleiche Mengen positiver und negativer Elektrizität die Flüssigkeit gleichzeitig verlassen; man nennt die Stelle, an der das erste geschieht, die Kathode, die andere die Anode. Indem die Elektrizität aus der Flüssigkeit tritt, muss eine entsprechende Menge der Ionen, an denen sie bisher gehaftet hatte, in den unelektrischen oder Nicht-Ionen-Zustand übergehen. Dies geschieht ausschließlich an der Stelle, wo der Austritt der Elektrizität aus dem Elektrolyt erfolgt, die elektrolytischen Reaktionen erfolgen daher nur in der Berührungsfläche der Elektroden mit dem Elektrolyt.

Die Art der Vorgänge, welche an den Elektroden erfolgen können, ist nicht immer die gleiche. Der einfachste Fall ist der erwähnte, dass gleichzeitig äquivalente Mengen des Kations und des Anions in den unelektrischen Zustand übergehen. Dies liegt z. B. bei der Elektrolyse des geschmolzenen Chlormagnesiums vor: das Anion ist das Chlor, welches aus dem Ionenzustande, in welchem es im geschmolzenen Salze vorhanden ist, in den Zustand des gewöhnlichen unelektrischen Chlors übergeht, welches sich an der Anode, die man aus Kohle zu nehmen pflegt, gasförmig entwickelt. An der Kathode geht ganz der gleiche Prozess mit dem Magnesiumion vor sich: es geht in das nichtelektrische Magnesium, d. h. das gewöhnliche Metall, über, das sich dort abscheidet.

Die Bedingung, dass in jedem Raumteil des Elektrolyts gleiche Mengen positiver und negativer Elektrizität vorhanden sein müssen, lässt sich aber noch auf andere Weise erfüllen. Wenn an der Stelle, wo infolge des Stromes eine bestimmte Menge negativer Elektrizität austreten muss, statt dessen die gleiche Menge positiver Elektrizität *eintritt,* so ist die Bedingung gleichfalls erfüllt, da sich allgemein jede Bewegung positiver Elektrizität durch eine gleiche entgegen gesetzte Bewegung negativer Elektrizität ersetzen lässt. Der chemische Vorgang, welcher dem zweiten Fall entspricht, ist aber ein ganz anderer, denn jetzt bleibt das Anion in der Flüssigkeit, und es tritt neu die entsprechende Menge eines Kations dort auf. Man erreicht dieses Resultat, wenn man die Elektrode aus einem Stoff macht, welcher durch die Aufnahme positiver Elektrizität in den Ionenzustand übergehen kann. Ist z. B. die Anode in dem eben erwähnten Fall aus Eisen oder einem andern unedeln Metall, so wird das Chlor nicht den Ionenzustand verlassen, sondern es wird umgekehrt eine äquivalente Menge Eisen in den Zustand des entgegen gesetzten Ions übergehen.

Da man den Übergang eines Metalls in das entsprechende Kation mit dem Namen der Oxydation, und den entgegen gesetzten mit dem Namen der Reduktion bezeichnet, so kann man allgemein sagen: die Anode wirkt oxydierend, die Kathode reduzierend. Dies trifft auch für die Stoffe zu, welche aus dem unelektrischen Zustand in den negativer Ionen übergehen können, wie Chlor und Jod; auch diese werden an der Kathode reduziert, an der Anode oxydiert.

Endlich ist noch eine dritte Möglichkeit der Reaktion an der Elektrode vorhanden. Die nötige Änderung der Elektrizitätsmenge kann auch dadurch erfolgen, dass ein Ion in ein anderes übergeht, welches eine größere oder kleinere elektrische Ladung hat, ohne dass seine chemische Zusammensetzung eine andere ist. Solche Ionen mit verschiedener Ladung und entsprechend verschiedener Wertigkeit kommen insbesondere bei den Metallen vor: so kann Quecksilber und Kupfer ein- und zweiwertig, Zinn zwei- und vierwertig, Eisen und Chrom zwei- und dreiwertig, Tallium und Gold ein- und dreiwertig auftreten. Dementsprechend geht ein Ferrosalz an der Anode in das Ferrisalz, ein Merkurisalz an der Kathode in ein Merkurosalz über, wenn die Bedingungen solche sind, dass die entstehenden anderswertigen Ionen beständig sein können.

28. Die Spannungsreihe.

Von diesen verschiedenen Möglichkeiten wird in der Elektroanalyse nur ein geringer Gebrauch gemacht, denn diese beschränkt sich zurzeit fast ausschließlich auf die erste Reaktion, die Überführung von Metallionen in den unelektrischen Zustand oder die Ausscheidung gelöster metallischer Elemente im regulinischen Zustande. Hierbei sind folgende Umstände maßgebend:

Jedes Metall hat gegen die Lösung irgendeines seiner Salze einen bestimmten Potentialunterschied, welcher bei gegebener Temperatur nur von der Konzentration des Metallions in der Lösung abhängig ist. Dieser Unterschied kann positiv oder negativ sein, dementsprechend kann der Übergang des Metalls in den Ionenzustand entweder unter Gewinn oder unter Aufwand von Arbeit erfolgen. Das erstere findet bei den leicht oxydierbaren, d.h. leicht in den Ionenzustand übergehenden Metallen statt; hierher gehören die Metalle vom sogenannten positiven Ende der Spannungsreihe, vom Kalium ab bis zum Blei. Umgekehrt erfordert der Übergang der Metalle vom Blei ab, also des Kupfers, Quecksilbers, Silbers usw., aus dem metallischen in den Ionenzustand Arbeit, und der umgekehrte Übergang der Ionen in die Metalle findet unter Arbeitsgewinn statt; man nennt daher diese Metalle leicht reduzierbar. Stellt man sich daher ein Gemisch aus den Elektrolyten sämtlicher Metalle vor, auf welches immer größere und größere elektromotorische Kräfte wirken, so werden die Metalle nach der Reihe der Spannungsunterschiede abgeschieden werden, welche zwischen ihnen und ihren Elektrolyten bestehen. Es werden die sogenannten edeln Metalle zuerst erscheinen, bei höherer Spannung das Kupfer, dann das Blei, Eisen, Zinn, Kadmium, Zink usw.

29. Einfluss des Wassers.

Bestände dies Gemisch nur aus den metallischen Kationen und den erforderlichen Anionen, so wäre diese Analyse unbegrenzt bis zum Kalium durchzuführen. In wässeriger Lösung tritt aber eine frühere Grenze ein, welche darin liegt, dass auch im Wasser ein Kation vorhanden ist, welches bei einem bestimmten Potential ausgeschieden wird: es ist dies der Wasserstoff. Wenn die Spannung bis zu dem Werte gestiegen ist, welcher für seine Ausscheidung unter den vorhandenen Umständen erforderlich ist, so können die auf ihn folgenden Metallionen nicht mehr entladen werden, und die Möglichkeit der elektrolytischen Ausscheidung hat an dieser Stelle ein Ende.

Die Stellung des Wasserstoffes in der Spannungsreihe ist nun keine so bestimmte, wie die der festen Metalle, was mit seinem gasförmigen Zustande zusammenhängt. Dieser bedingt die Möglichkeit ungemein bedeutender Übersättigungserscheinungen, so dass sich bei geeigneter Anordnung die Stellung des Wasserstoffes weit nach der positiven oder Zinkseite verschieben lässt. Tatsächlich hat er unter normalen Verhältnissen seine Stelle in der Nähe des Bleies, und bei der Elektrolyse der Salze aller positiveren Metalle, z. B. des Kadmiums oder Zinks, müsste man an Stelle des Metalls aus wässerigen Lösungen nur Wasserstoff erhalten. Dies geschieht auch, wenn man die Elektrolyse mit einem sehr schwachen Strome führt, so dass die eintretenden Übersättigungen sich auszugleichen Zeit haben. Vergrößert man aber die Stromstärke oder genauer die Stromdichte, d. h. die Stromstärke dividiert durch die Elektrodenfläche, so tritt diese Reaktion zurück, und man erhält statt der Elektrolyse des Wassers hauptsächlich die des vorhandenen Metallsalzes. Weiter als bis zum Zink kann man auf diese Weise unter gewöhnlichen Umständen kaum gehen, doch hat Bunsen gezeigt, dass man unter Benutzung besonders großer Stromdichten aus konzentrierten Lösungen in der Wärme auch Barium und andere Erdalkalimetalle fällen kann. Hierbei ist die Anwendung einer Elektrode aus Quecksilber von besonderem Nutzen, da an der glatten Oberfläche des flüssigen Metalls die Übersättigung des Wasserstoffes viel höhere Werte annehmen kann, als an gewöhnlichen festen Elektroden.

Das Potential, bei welchem die Ausscheidung eines bestimmten Metalls erfolgt, ist, wie schon erwähnt, von der Konzentration seines Ions abhängig, und es muss daher umso mehr sich nach der Zinkseite verschieben, je geringer die Konzentration des betreffenden Kations wird. Für die Konzentrationen, welche analytisch in Betracht kommen, ist indessen der Unterschied nicht groß; die Verminderung der Ionenkonzentrationen auf den tausendsten Teil des anfänglichen Wertes, welche die Grenze der meisten quantitativen Bestimmungen ist, bedingt im äußersten Falle, bei einwertigen Metallen, eine Spannungsänderung von 0,17 Volt; in dem Fall eines zweiwertigen Metalls nur eine halb so große. Die zwischen den verschiedenen Metallen bestehenden Unterschiede sind meist viel größer.

30. Einfluss komplexer Verbindungen.

Ganz anders werden die Verhältnisse, wenn die Konzentration des Metallions dadurch eine Änderung erleidet, dass es in eine komplexe Verbindung, d. h. eine solche, in welcher es nicht die Reaktionen seines Ions zeigt, übergeht. Obwohl wir auch in einem solchen Fall annehmen müssen, dass die Lösung eine gewisse Menge des Metalls im Zustand eines gewöhnlichen Ions enthält, so kann dieser Betrag doch unter Umständen außerordentlich gering sein, so gering, dass er bei weitem alle Grenzen des analytischen Nachweises hinter sich lässt (S. 79). Dann finden allerdings bedeutende Verschiebungen in der scheinbaren elektrochemischen Stellung des Metalls statt, und zwar ausnahmelos nach der Zinkseite; das Metall verhält sich mit andern Worten weniger edel. So wird z. B. Gold von dem Sauerstoff der Luft nicht angegriffen, auch nicht, wenn es mit Säuren in Berührung ist. Eine verdünnte Lösung von Zyankalium greift dagegen das Gold an, wenn die Luft Zutritt hat; ohne Sauerstoff zutritt ist sie ohne Wirkung. Dies rührt daher, dass das Gold mit Zyankalium ein komplexes Salz, das Kaliumsalz des Aurozyanions, bildet. In den Lösungen dieses Salzes ist das Gold fast ausschließlich im Zustande des komplexen Anions Au (CN)s' vorhanden, und die Konzentration des Goldions darin ist so gering, dass zwischen dem Metall und der Lösung ungefähr der Potentialunterschied besteht, wie zwischen Kupfer und Salzsäure, die etwas Kupfer enthält; infolgedessen wirkt der Luftsauerstoff auf dies System wie auf Kupfer in Salzsäure, d. h. das Metall wird unter Aufnahme von Sauerstoff aufgelöst.

31. Zusammenfassung.

In diesen Darlegungen sind die wesentlichsten Umstände enthalten, welche für die analytische Anwendung der Elektrolyse in Betracht kommen. Der wichtigste Vorteil des Verfahrens besteht darin, dass durch den Übergang der Metallionen in das Metall die *mechanische Abscheidung* des letztern ohne alle weitere Arbeit, wie Filtrieren und dergleichen, stattfindet. Allerdings wird dieser Vorteil nur erreicht, wenn das Metall in Gestalt einer dichten Masse ausfällt, was nicht unter allen Umständen eintritt; für die Praxis der Elektroanalyse ist es daher wesentlich, die Verhältnisse zu wissen, unter denen das Metall die gewünschte Form annimmt. Allgemeines lässt sich hierüber zurzeit noch nicht sagen, und man ist hier noch auf die empirische Ermittlung der vorteilhaften Bedingungen angewiesen. In vielen Fällen gestaltet sich die Abscheidung aus komplexen Verbindungen besser, als aus einfachen Salzen.

Ferner erfolgt die Abscheidung an einer vorher bestimmten Stelle, nämlich an der Kathode; man kann also den gesuchten Stoff zwingen, sich aus einer beliebig großen Flüssigkeitsmasse an einen bestimmten Punkt hinzubegeben, und erspart sich dadurch die Behandlung der gesamten Flüssigkeitsmasse durch Filtrieren u. dgl. Endlich bedürfen die elektrolytischen Vorgänge, wenn einmal die erforderlichen Bedingungen hergestellt sind, zu ihrer Beendigung oft keiner Arbeit oder Aufsicht, wodurch das Ergebnis der Analyse in viel geringerem Grade von der Geschicklichkeit des Arbeitenden abhängig gemacht wird, als bei den gewöhnlichen mechanischen Methoden. Dadurch, dass man den Elektrolyt sich schnell gegen die Elektroden bewegen lässt, kann man die Geschwindigkeit der Ausscheidung sehr bedeutend beschleunigen, weil die örtliche Verarmung an den Elektroden, welche durch die Ausscheidung entsteht, und durch welche unerwünschte Nebenreaktionen bewirkt werden, hierdurch aufgehoben wird. Alsdann kann man auch viel stärkere Ströme anwenden und die Analyse entsprechend schneller zu Ende führen.

Die Elemente, welche bisher in der Elektroanalyse methodisch behandelt worden sind, beschränken sieh fast ausschließlich auf die Schwermetalle. Die Leichtmetalle nehmen in der elektrochemischen Spannungsreihe eine Stelle ein, welche vom Wasserstoff zu weit entfernt ist, als dass man ihre elektrolytische Abscheidung aus wässeriger Lösung bequem bewerkstelligen könnte. Die meisten Metalle scheiden sich an der Kathode aus; doch ist zu bemerken, dass die Metalle, welche elektrisch leitende Peroxyde zu bilden vermögen, namentlich Mangan und Blei, sich sehr gut in dieser Gestalt an der Anode ausscheiden lassen, wie das schon vor vielen Jahren von Becquerel gezeigt worden ist.

32. Die Trennung.

Die quantitative *Trennung* der Metalle auf elektrolytischem Wege beruht auf den eben erörterten Unterschieden der Spannung, welche zur Ausscheidung im metallischen Zustand erforderlich sind. Man kann entweder dadurch, dass man gewisse vorhandene Metalle in komplexe Verbindungen überführt, deren Fällungsspannung sehr hoch liegt, diese an der Ausscheidung unter den gewöhnlich eingehaltenen Bedingungen verhindern; dies ist das bisher gewöhnlich benutzte Verfahren. Oder man kann auch von vornherein eine *bemessene* elektromotorische Kraft anwenden, welche höher ist, als die zur Fällung des edelsten der vorhandenen Metalle erforderliche Spannung, aber niedriger, als die Zersetzungsspannung der folgenden Metalle. Auf Grund des Umstandes, dass die Beständigkeit und daher auch die Zersetzungsspannung der komplexen Salze, welche verschiedene Metalle unter gleichen Umständen bilden, häufig sehr verschieden sind, kann man häufig die Bedingungen weit genug abändern, um die vorteilhaftesten Verhältnisse zu wählen.

Auf die Trennung von Halogenen ist das Prinzip der bemessenen elektromotorischen Kräfte gleichfalls anwendbar.

§ 8. Ein Gesetz über Stufenreaktionen.

In vielen Fällen ist das Ergebnis einer chemischen Reaktion zwischen gegebenen Stoffen nicht eindeutig, sondern es können unter gleichen Verhältnissen mehrere verschiedene Ergebnisse eintreten. Diese stehen untereinander meist in dem Verhältnis, dass zwischen ihnen auch die Möglichkeit der Umwandlung besteht, so dass man alle einzelnen Formen, die sich aus dem gegebenen Anfangszustande bilden können, schließlich in eine Reihe ordnen kann, die mit dem Anfangszustande beginnt, und in der dann alle weiteren möglichen Zustände nach Maßgabe ihrer geringeren und größeren Beständigkeit auftreten. In einer solchen Reihe würde eine freiwillige Umwandlung nur in einem Sinne, von der weniger beständigen Form zu der beständigeren, eintreten können, nie aber im entgegen gesetzten Sinne.

Man kann nun die Frage aufstellen, welche von den möglichen Formen erreicht wird, wenn man z. B. die unbeständigste Anfangsform durch irgendeinen Vorgang erzeugt und nun der freiwilligen Umwandlung überlässt. Man sollte glauben, dass die unter den gegebenen Verhält- „bissen beständigste Form, also die letzte in der erwähnten Reihe, entstehen müsste. Die Beobachtung lehrt, wie das von verschiedenen Forschern in einzelnen Fällen, und dann von mir allgemein ausgesprochen worden ist[11], *dass nicht die beständigste Form unter solchen Umständen zuerst aufgesucht wird, sondern im Gegenteil die unbeständigste, die noch möglich ist, oder mit andern Worten die nächstliegende in der Reihe der Beständigkeiten.*

Beispiele für den Satz finden sich überall. So wird durch Fällungsreaktionen stets zunächst eine übersättigte Lösung erzeugt, die dann erst später, zuweilen nach längerer Zeit, z. B. bei der Fällung der Kaliumsalze durch Weinsäure, die feste Form entstehen lässt. Wenn mehrere feste Formen möglich sind, so bildet sich zunächst die unbeständigere und löslichere; darum fallen die Niederschläge in dem ersten Augenblick fast alle amorph aus, und wenn man sie sofort abfiltrieren wollte, würde man erhebliche Mengen des zu fällenden Stoffes in der Lösung lassen. Wird Quecksilberchlorid durch Zinnchlorür gefällt, so fällt nicht metallisches Quecksilber aus, welches das letzte Stadium der Reaktion darstellt, sondern, wie groß auch der Überschuss des Reduktionsmittels ist, es fällt zunächst immer Kalomel. Ebenso bilden sich bei der Einwirkung der Oxydationsmittel auf oxydierbare Stoffe nicht sofort die Produkte der vollständigen Oxydation, sondern die Zwischenstufen, selbst wenn diese schneller oxydierbar sind, als die ersten. Ein bekanntes Beispiel ist die Oxydation des Alkohols durch Chromsäure, welche zuerst Aldehyd gibt,

---

[11] Zeitschr. f. phys. Chemie 22, 306. 1897.

obwohl dieser weit oxydierbarer ist, als der Alkohol selbst, indem er sich mit dem Luftsauerstoff verbinden kann, was der Alkohol ohne Ferment oder Katalysator nicht tut.

Die Wirksamkeit dieses Gesetzes bedingt, dass die analytischen Fällungen und manche andern Reaktionen, obwohl sie in der Lösung meist schnell verlaufende Ionenreaktionen sind, eine erhebliche Zeit erfordern, wenn sie in quantitativer Genauigkeit durchgeführt werden sollen. Die Notwendigkeit, den Schüler dazu anzuhalten, dass er sich die erforderliche Zeit bei seiner Arbeit nimmt, ist jedem Lehrer bekannt, ebenso wie die Abneigung des Anfängers, so zu verfahren. Mit der Einsicht in die Ursache dieser Regel, die vorstehend auseinandergesetzt worden ist, wird der Lehrer seinen Schüler wirksamer in dieser Hinsicht beeinflussen können, wie auch der Schüler sich leichter einer Regel fügt, deren Grund er begreift.

Fünftes Kapitel. Die Messung der Stoffe.

1. Allgemeines.

Mit der Erkennung des Stoffes, welche häufig nicht ohne vorhergegangene Trennung ihrer Bestandteile ausführbar ist, schließt die Aufgabe der *qualitativen* Analyse ab. Soll aber außerdem noch die Frage beantwortet werden, *wie viel* von jedem Stoff vorhanden ist, so stellt sich eine neue Aufgabe ein, die *Messung* der Stoff menge.

Der Messung der Stoffe hat ebenso wenig wie dem Erkennen derselben die Trennung stets notwendig vorauszugehen; vielmehr kann man häufig die Menge eines Stoffes ermitteln, während er den Bestandteil eines Gemisches ausmacht. Eine sehr häufig vorkommende Aufgabe der quantitativen Analyse geht sogar dahin, den Gehalt der vorgelegten Probe an einem bestimmten Stoffe allein, ohne Rücksicht auf andere vorhandene Stoffe, zu bestimmen. Es sind daher die Methoden gesondert zu betrachten, welche die Mengenbestimmung nur nach vorgängiger Trennung, und die, welche sie ohne Trennung ermöglichen.

Damit ein Stoff bequem und genau messbar ist, muss er gewisse Bedingungen erfüllen. Soll er beispielsweise gewogen werden, so muss er an der Luft unveränderlich, nicht wasseranziehend sein, und womöglich Rotglühhitze ohne chemische Änderung ertragen können. Es ist offenbar, dass von den existierenden Stoffen nur wenige diesen Bedingungen genügen werden. Diesem Umstande gegenüber macht man in der analytischen Chemie den weitgehendsten Gebrauch von dem stöchiometrischen Gesetz der konstanten Gewichtsverhältnisse. Man führt eine zur Messung ungeeignete Verbindung in eine andere über, welche die verlangten Eigenschaften besitzt, und berechnet die Menge der erstem aus der gemessenen Menge der letztem nach dem Gesetz, dass das Gewicht des ursprünglichen Stoffes zu dem des umgewandelten in einem konstanten Verhältnis steht. Dieses Verhältnis lässt sich nach dem Gesetz der Verbindungsgewichte berechnen, demzufolge alle chemischen Vorgänge zwischen beliebigen Elementen nach Maßgabe bestimmter, jedem Element individuell zukommender Relativzahlen erfolgen, die man die Verbindungsgewichte nennt. Die Summe der Verbindungsgewichte der Elemente eines zusammengesetzten Stoffes ist dessen Verbindungsgewicht, und das Verhältnis der Verbindungsgewichte zweier Stoffe, von denen einer aus dem andern hergestellt werden kann, ist das Verhältnis der Gewichte, in welchem die verbrauchte Menge des erstem Stoffes zur entstandenen des zweiten Stoffes steht.

Daher lässt sich aus der Kenntnis der Verbindungsgewichte der Elemente und der Formelgleichung für die fragliche Umwandlung stets der

Koeffizient berechnen, welcher die Menge des gesuchten Stoffes auf die des Umwandlungsproduktes reduziert, und umgekehrt.

Es ist nicht notwendig, dass in dem Umwandlungsprodukt überhaupt irgendein Bestandteil des ursprünglichen Stoffes vorhanden ist. So kann man die Menge Salzsäure, welche in einer Lösung enthalten ist, berechnen, wenn man diese auf überschüssigen Marmor einwirken lässt, das entstandene Kohlendioxyd ohne Verlust in Barytwasser leitet, und das gefällte Bariumkarbonat zur Wägung bringt. Gemäß den Gleichungen

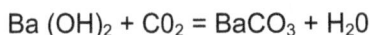

$$2\,HCl + CaCO_3 = CaCl_2 + H_2O + CO_2,$$

$$Ba\,(OH)_2 + CO_2 = BaCO_3 + H_2O$$

weiß man, dass aus zwei HCl ein $BaCO_3$ geworden ist, und kann somit den Umrechnungsfaktor gemäß den Formelgewichten 2 HCl = 72.92 und $BaCO_3$ = 197.4 berechnen; $\frac{72,92}{197,4}$ = 0,3694 ist der Koeffizient, mit welchem die Menge des Bariumkarbonats zu multiplizieren ist, um die des Chlorwasserstoffes zu ergeben.

Was für die Wägung gilt, lässt sich auf jede andere Art der Mengenbestimmung in gleicher Weise anwenden. Hierdurch entsteht eine sehr große Mannigfaltigkeit der Meßmethoden. Im Folgenden soll stets vorausgesetzt sein, dass gegebenenfalls von dem Verfahren der Umwandlung Gebrauch gemacht ist. Für die Anwendung derselben kommt wesentlich in Betracht, dass die vorzunehmenden Umwandlungen leicht und vollständig erfolgen; wo nötig, muss an gewogenen Mengen des Ausgangsmaterials die Übereinstimmung des theoretischen Faktors mit dem empirischen kontrolliert werden, und alle Methoden, welche dieser Bedingung nicht entsprechen, bei denen also Nebenreaktionen eintreten, müssen als verdächtig angesehen und verworfen, bzw. dürfen nur in Ermangelung einer besseren Methode angewendet werden. Die bei solchen stöchiometrischen Rechnungen zu benutzenden Verbindungsgewichte der Elemente sind in der folgenden Tabelle enthalten.

Ag	Silber	107,88	B	Bor	11,0
Al	Aluminium	27,1	Ba	Barium	137,37
Ar	Argon	39,88	Be	Beryllium	9,1
As	Arsen	74,96	Bi	Wismut	208,0
Au	Gold	197,2	Br	Brom	79,92
c	Kohlenstoff	12,005	Ni	Nickel	58,68
Ca	Calcium	40,07	Nt	Niton	222,4

Cd	Cadmium	112,40	0	Sauerstoff	16,00
Ce	Cerium	140,25	Os	Osmium	190,9
Cl	Chlor	35,46	P	Phosphor	31,04
Co	Kobalt	58,97	Pb	Blei	207,20
Cr	Chrom	52,0	Pd	Palladium	106,7
Cs	Cäsium	132,81	Pr	Praseo-dym	140,9
Cu	Kupfer	63,57	Pt	Platin	195,2
Dy	Dysprosi-um	162,5	Ra	Radium	226,0
Er	Erbium	167,7	Rb	Rubidium	85,45
Eu	Europium	152,0	Rh	Rhodium	102,9
F	Fluor	19,0	Ru	Rutheni-um	101,7
Fe	Eisen	55,84	S	Schwefel	32,06
Ga	Gallium	69,9	Sb	Antimon	120,2
Gd	Gadolinium	157,3	Sc	Scandium	44,1
Ge	Germanium	72,5	Se	Selen	79,2
H	Wasserstoff	1,008	Si	Silicium	28,3
He	Helium	4,00	Sm	Samarium	150,4
Hg	Quecksil-ber	200,6	Sn	Zinn	118,7
Ho	Holmium	163,5	Sr	Strontium	87,63
In	Indium	114,8	Ta	Tantal	181,5
Ir	Iridium	193,1	Tb	Terbium	159,2
J	Jod	126,92	Te	Tellur	127,5
K	Kalium	39,10	Th	Thor	232,4
Kr	Krypton	82,92	Ti	Titan	48,1
La	Lanthan	139,0	T1	Thallium	204,0
Li	Lithium	6,94	Tu	Thulium	168,5
Lu	Lutetium	175,0	U	Uran	238,2
Mg	Magnesium	24,32	V	Vanadium	51,0

Mn	Mangan	54,93	W	Wolfram	184,0
Mo	Molybdän	96,0	X	Xenon	130,2
N	Stickstoff	14,01	Y	Yttrium	88,7
Na	Natrium	23,00	Yb	Ytterbium	173,5
Nb	Niobium	93,5	Zn	Zink	65,37
Nd	Neodym	144,3	Zr	Zirkonium	90,6
Ne	Neon	20,2			

2. Reine Stoffe.

Sind die Stoffe getrennt, so ist die einfachste und zuverlässigste Mengenbestimmung die *Wägung*. Durch die Wage bestimmen wir unmittelbar nur die Kraft, mit welcher das gewogene Objekt zur Erde hinstrebt. Da wir aber wissen, dass dieser Kraft die Masse des Objekts proportional ist, so geht die Wägung in eine Massenbestimmung über. Der Masse sind ihrerseits wieder die andern mit der Menge veränderlichen Eigenschaften, insbesondere das Volum und der chemische Energieinhalt, proportional, so dass das, was man unter der *Substanzmenge* versteht, durch eine Wägung allerdings sachgemäß gemessen wird.

An die Stelle der Wägung kann die Messung anderer Eigenschaften treten, welche der Masse proportional sind. Als solche bietet sich in erster Linie das *Volum* dar, dessen Messung häufig sehr viel einfacher, und zuweilen auch genauer erfolgen kann, als die Wägung.

Bei *Gasen* ist die Volummessung der Wägung im allgemeinen vorzuziehen, weil hier das Gewicht nur einen kleinen Bruchteil von dem Gewicht der unvermeidlichen Gefäße ausmacht, so dass die Wägungsfehler einen sehr großen Einfluss gewinnen. Man pflegt den großen Einfluss von Druck und Temperatur durch Umrechnung auf Normalwerte derselben 0° und 76 cm Quecksilber zu eliminieren vermöge der Formel

$$v_0 = \frac{pv}{76(1+0,00367\,t)},$$

in welcher der Druck p in Zentimetern Quecksilbersäule einzusetzen ist. Aus dem reduzierten Volum v0 erhält man das Gewicht durch Multiplikation mit dem Gewicht der Volumeinheit des Gases. Bei genauen Rechnungen hat man darauf zu achten, dass 76 cm Quecksilbersäule keine vollständige Definition des Normaldruckes ist, da der so bestimmte Druck noch von der Intensität der Schwere abhängt. Es ist mit andern Worten das Gewicht der reduzierten Volumeinheit der Gase von der geographischen Breite und der Meereshöhe abhängig. Es wäre daher vernünftiger, diese veraltete Definition des Normaldruckes allgemein aufzugeben und auf absolutes Maß für ihn überzugehen.

Die Bestimmung von *Flüssigkeitsmengen* aus dem Volum verlangt wegen der geringen Kompressibilität der Flüssigkeiten und der geringen Änderungen des Luftdruckes keine Rücksichtnahme auf diesen, sondern nur die Berücksichtigung der Temperatur. Für letztere gibt es allerdings kein allgemeines Gesetz; die Wärmeausdehnung jeder Flüssigkeit muss besonders bestimmt werden. Für die Messung in Gefäßen kommt im Übrigen nur die scheinbare Ausdehnung durch die Wärme, d. h. der Unterschied zwischen der Ausdehnung der Flüssigkeit und der des Gefäßes in Betracht. Man reduziert mittels dieses Wertes, der bekannt sein muss, das beobachtete Volum auf die Temperatur, für welche die Dichte gemessen ist, oder bestimmt die Dichten bei den verschiedenen vorkommenden Temperaturen; das Produkt aus Dichte und Volum gibt dann das Gewicht.

Bei festen Körpern kommt eine Volummessung zum Zweck der Gewichtsbestimmung wohl nie zu analytischer Anwendung, da die Fähigkeit, einen gegebenen Hohlraum auszufüllen, welche die Volumbestimmung bei den beiden andern Formarten so bequem macht, hier nicht vorhanden ist. Die gelegentlich gemachten Versuche, die Mengen von Niederschlägen ohne Auswaschen zu ermitteln, indem man einmal das mittlere spezifische Gewicht von Niederschlag plus Flüssigkeit, sodann das der Flüssigkeit ohne Niederschlag bestimmt, kommen im Prinzip auf eine Volumbestimmung heraus. Die Anwendung ist an der Ungenauigkeit der erhaltenen Resultate gescheitert; diese aber rührt daher, dass die in die Rechnung eingehende Dichte der Niederschläge veränderlich und durch Adsorption in unkontrollierbarer Weise beeinflusst ist.

3. Lösungen.

Mengenbestimmungen in Lösungen, deren Bestandteile beide der Art nach bekannt sind, lassen sich stets ausführen, ohne dass eine Trennung erforderlich ist. Zu diesem Zwecke braucht man nur von irgendeiner Eigenschaft, welche für beide Bestandteile verschiedene Werte hat, die Beträge für eine genügende Anzahl bekannter Zusammensetzungen zu ermitteln, so dass man die Zwischenwerte interpolieren kann; aus dem am Gemenge beobachteten Wert dieser Eigenschaft lässt sich dann die Zusammensetzung unter Benutzung jener Bestimmungen entnehmen.

Das Gesetz, nach welchem die Zahlenwerte der fraglichen Eigenschaft von der Zusammensetzung abhängen, braucht für diesen Zweck nicht in geschlossener mathematischer Form bekannt zu sein. Vielmehr genügt die empirische Zusammensetzung der Zahlen durch eine beliebige Interpolationsformel, oder noch ausgiebiger und bequemer durch eine Kurve, deren Abszissen das Mengenverhältnis (z. B. in Prozenten der Gesamtmenge), deren Ordinaten die Zahlenwerte der fraglichen Eigenschaft darstellen. Man erhält auf diese Weise im Allgemeinen eine irgendwie geformte Kurve, in einigen Fällen aber auch eine Gerade, welche die Ordinatenwerte, die den reinen Stoffen zukommen, verbindet. Der letzte Fall ist ein Ausdruck der Tatsache, dass durch den Mischungsvorgang kein Umstand eingetreten ist, welcher auf die individuellen Eigenschaftswerte der beiden Bestandteile irgendeinen Einfluss geübt hat; es ist die Eigenschaft der Lösung einfach die Summe der Eigenschaften seiner Bestandteile, oder die Eigenschaft verhält sich *additiv*. Ein solches Verhalten findet sich beispielsweise bei den Gasen.

Da auch die nicht rein additiven Eigenschaften doch eine mehr oder weniger große Annäherung dazu zeigen, so ist es häufig zweckmäßig, die Interpolationskurve nicht auf die Eigenschaftswerte selbst, sondern auf deren Abweichung vom additiven Verhalten zu beziehen; die Ergebnisse werden alsdann bedeutend genauer.

Ein additives Verhalten ist, wie erwähnt, bei flüssigen Lösungen selten, bei Gasen dagegen allgemein. Man kann daher die Zusammensetzung binärer Gaslösungen aus der Messung jeder beliebigen spezifischen Eigenschaft ableiten, für welche allein die Werte an den reinen Bestandteilen bekannt sind. Aus technischen Gründen dient hierzu am ehesten die Dichte.

Die Bestimmungen des Mengenverhältnisses aus der Messung einer gegebenen Eigenschaft fällt umso genauer aus, je genauer einerseits die Messung selbst, und je größer anderseits der Unterschied zwischen den Werten ist, welche den beiden Bestandteilen einzeln zukommen. In dieser Beziehung ist als günstiger Fall der Grenzfall zu bezeichnen, in welchem der Wert für den einen Bestandteil gleich Null wird, oder die fragliche Eigenschaft überhaupt nur dem einen von beiden Bestandteilen zukommt. Alsdann ist der gemessene Eigenschaftswert nahezu oder auch genau ein Maß für die verhältnismäßige Menge des Stoffes, dem die Eigenschaft zukommt. Solche Eigenschaften, die man als *spezielle* den andern, *allgemeinen* gegenüberstellen kann, sind beispielsweise die Drehung der Polarisationsebene des Lichtes, die Farbe, die elektrische Leitfähigkeit und andere mehr; sie sind alle besonders zu Gehaltsbestimmungen geeignet und werden vielfach für diesen Zweck verwendet.

Die allgemeinen Eigenschaften, welche einen endlichen Wert für alle Stoffe besitzen, gestatten, wie erwähnt, unter sonst gleichen Verhältnissen keine so genaue Gehaltsbestimmung, weil bei ihnen der Gehalt (annähernd oder genau) nur mit dem *Unterschiede* des Wertes der Lösung gegen den des reinen Bestandteiles parallel geht. Wenn trotzdem auch diese Eigenschaften vielfältige Anwendung erlangen, so ist das davon abhängig, wie leicht und wie genau sie sich messen lassen.

Unter den allgemeinen Eigenschaften steht obenan die *Dichte,* welche einerseits eine sehr genaue Messung mittels des Pyknometers, anderseits eine sehr schnell und leicht auszuführende Messung mittels der Senkwage gestattet. Da hier der Fall, dass die Eigenschaft rein additiv ist (S. 94), so gut wie nie eintritt (wässerige Lösungen geben besonders große Abweichungen), so hat für jeden Stoff eine Messungsreihe über das benutzte Gebiet vorauszugehen, auf deren Ergebnisse hin die Interpolation auszuführen ist. Die Temperatur hat einen sehr messbaren Einfluß auf die Dichte und muss sorgsam berücksichtigt werden; am zweckmäßigsten ist daher das Arbeiten bei einer ganz bestimmten Temperatur.

Von den andern allgemeinen Eigenschaften soll noch der Brechungskoeffizient genannt werden, welchem ein ebenso großes Anwendungsgebiet zukommt, wie der Dichte. Nur ist seine Messung etwas weniger bequem oder weniger genau auszuführen. Weitere Hilfsmittel sind: Siedepunkt oder Dampfdruck, Schmelzpunkt, Ausdehnungskoeffizient, innere Reibung, elektrische Leitfähigkeit usw.

4. Indirekte Mengenbestimmung.

Neben dem physikalischen, auf der Messung von Eigenschaftswerten beruhenden Verfahren zur Mengenbestimmung in binären Lösungen und Gemischen gibt es noch das chemische Verfahren, bei welchem das Gemisch nach Feststellung seines Gewichtes in ein anderes Gemisch oder einen einheitlichen Stoff verwandelt wird. Aus der dabei auftretenden Gewichtsveränderung lässt sich in ganz ähnlicher Weise, wie eben dargelegt wurde, auf die Zusammensetzung des Gemisches schließen, wobei die Beziehung zwischen der Gewichtsveränderung und der Zusammensetzung eine einfache lineare ist, da das Gewicht eine streng additive Eigenschaft ist.

Haben wir beispielsweise ein Gemenge von Chlorkalium und Chlornatrium, so können wir seine Zusammensetzung bestimmen, indem wir Chloride in die Sulfate verwandeln. Aus den Verbindungsgewichten berechnen wir, dass 1 g Chlornatrium T2147 Sulfat gibt, während Chlorkalium nur T1683 liefern kann; ein Gemenge von beiden Salzen muss einen zwischen liegenden Wert ergeben.

Ist dieser Wert 1·2015, so wird $\frac{1\cdot 2147 - 1\cdot 2015}{1\cdot 2147 - 1\cdot 1683} = 0\cdot 285$

den Bruchteil an Chlorkalium darstellen, welcher im Gemenge vorhanden ist.

Nach dem gleichem Prinzip lassen sich noch zahlreiche Schemata der indirekten Analyse entwerfen. Das Verfahren hat neben seiner Bequemlichkeit den Nachteil, die Versuchsfehler mehr oder weniger stark zu multiplizieren. Bei dem oben angegebenen, ungünstig gewählten Beispiel ist der ganze Gewichtsunterschied, in dem sich die Resultate bewegen können, 0·0464 g auf 1 g der ursprünglichen Substanz; ein Wägefehler erhält also den 22fachen Einfluss auf das Endresultat. Kommt man daher in die Lage, die indirekte Analyse anwenden zu müssen, so ist das Verfahren vor allen Dingen so zu wählen, dass der Gewichtsunterschied (oder allgemein der Eigenschaftsunterschied) für die Umwandlungsprodukte der beiden einzeln genommenen Bestandteile so groß als möglich ausfällt.

An die Stelle der direkten Wägung kann die Mengenbestimmung mittels physikalischer oder chemischer Methoden treten. Das Prinzip des Verfahrens bleibt dabei das gleiche.

5. Ternäre und zusammengesetztere Lösung.

Mengenbestimmungen in zusammen gesetzteren Lösungen lassen sich ohne vorgängige Trennung ausführen, wenn für den zu messenden Stoff eine *spezielle Eigenschaft* (S. 95) vorhanden ist, aus deren Messung auf die Menge des entsprechenden Stoffes geschlossen werden kann. Doch muss der Anwendung eines solchen Verfahrens stets eine Untersuchung vorangehen, ob das Verhältnis zwischen dem Wert der fraglichen Eigenschaft und der Menge des Stoffes durch die vorhandenen andern Stoffe nicht eine Änderung erfährt. So wäre es ganz falsch, aus der elektrischen Leitfähigkeit einer Lösung von Chlornatrium in einem Gemenge von Wasser und Alkohol den Gehalt an diesem Salz gemäß einer mit einer rein wässerigen Lösung erhaltenen Tabelle berechnen zu wollen. Denn obwohl der Alkohol selbst ein Nichtleiter ist, beeinflusst er doch bedeutend die Leitfähigkeit der Lösungen, zu denen er gesetzt wird, so dass die Beziehung zwischen dieser Eigenschaft und dem Gehalt eine ganz andere wird.

Nur in solchen Fällen, wo keiner der Übrigen anwesenden Stoffe einen solchen Einfluss ausübt, lässt sich das Verfahren mit Vorteil verwenden.

Denn wenn es auch möglich ist, den Einfluss des fremden Stoffes seinerseits zu ermitteln und zu tabellieren, so setzt doch die Anwendung einer solchen Tabelle, abgesehen von der unverhältnismäßig größeren Arbeit, die ihre Aufstellung verursacht, die Kenntnis der Menge jenes fremden Stoffes voraus, und erfordert somit häufig eine besondere Analyse in Bezug auf ihn.

Fälle, in denen das Verfahren praktisch anwendbar ist, sind somit nicht eben häufig, und da fast niemals eine *vollständige* Unabhängigkeit der fraglichen speziellen Eigenschaft von fremden Stoffen vorhanden ist, so sind die Methoden auch nicht sehr genau. Beispiele sind die Bestimmung des Rohrzuckers aus dem optischen Drehvermögen der Lösung, und die verschiedenen kolorimetrischen Analysen. Doch sind gerade im letztern Falle wiederholt grobe Irrtümer dadurch begangen worden, dass die Voraussetzung von der Einflusslosigkeit fremder Stoffe ohne genügende Prüfung stillschweigend gemacht worden ist, während tatsächlich erhebliche Einflüsse bestanden haben.

6. Titriermethoden.

Weit zuverlässiger und mannigfaltiger, als die physikalischen Methoden zur Analyse zusammen gesetzterer Gemische in Bezug auf einen Bestandteil, sind die chemischen. Sie beruhen auf dem Prinzip, dass man den fraglichen Stoff durch einen passenden Zusatz einer chemischen Reaktion unterwirft, derart, dass man entweder den vollständigen Verbrauch des ursprünglichen Stoffes, oder den ersten Überschuss des Zusatzes an irgendeinem auffallenden Zeichen erkennen kann. Die Bedingung, dass keiner von den Übrigen anwesenden Stoffen einen Einfluss üben darf (S. 97), lässt sich hier gegenüber den möglichen chemischen Vorgängen meist viel leichter beurteilen und einhalten, wodurch diese Methoden einer ungemein ausgedehnten Anwendung fähig sind. Die Mengenbestimmung beruht bei diesen Methoden auf der Messung der Menge des Reagens, welche man zu der Versuchsflüssigkeit fügen muss, bis der fragliche Stoff eben vollkommen umgewandelt ist. Die Menge des Reagens wird am bequemsten nach dem Volum der verbrauchten Lösung (deren Gehalt bekannt sein muss) bestimmt. Doch ist dies keine wesentliche Eigentümlichkeit der Methode, denn insbesondere für genauere Messungen ist nicht selten die Volumbestimmung der Reagenslösung durch die Wägung ersetzt worden, deren Ergebnisse insbesondere von dem Einfluss der Temperatur unabhängig sind.

Die Titriermethoden lassen sich in zwei Gruppen teilen, nämlich solche, bei denen das Verschwinden des ursprünglichen Stoffes die Enderscheinung abgibt, und solche, bei denen der Überschuss des Reagens diesen Dienst leisten muss. Bei den Methoden der zweiten Gruppe zeigt sich noch eine Verschiedenheit insofern, als in einigen Fällen der Überschuss des Reagens unmittelbar sichtbar wird, während in andern dieser Überschuss erst durch einen zugesetzten Hilfsstoff, den *Indikator,* sichtbar gemacht werden muss.

Ein Beispiel aus der ersten Gruppe ist die jodometrische Analyse. Durch die Reaktion

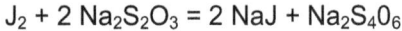

$$J_2 + 2\,Na_2S_2O_3 = 2\,NaJ + Na_2S_4O_6$$

oder in Ionen-Schreibart

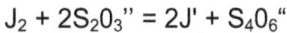

$$J_2 + 2S_2O_3'' = 2J' + S_4O_6''$$

wird das stark gefärbte freie Jod in farbloses Jodion übergeführt. Man setzt daher von einer Thiosulfatlösung bekannten Gehaltes so viel zu, bis eben die gelbbraune Färbung des freien Jods verschwunden ist. Der Übergang lässt sich noch leichter sichtbar machen, wenn man das Jod vorher durch Zusatz von Stärke in die dunkelblau gefärbte Jodstärke übergeführt hat.

Ein Beispiel aus der zweiten Gruppe ist die Bestimmung des Eisens mit Kaliumpermanganat. Letzteres wird, solange Ferrosalz vorhanden ist, in farblose Verbindungen, Manganosalz und Kaliumsalz übergeführt. Hört dieser Vorgang nach Verbrauch des Ferrosalzes auf, so bleibt die rote Färbung des Permanganats bestehen und zeigt das Ende der Analyse an.

Diese Methode ist offenbar nur anwendbar, wo das Reagens irgendein auffallendes Kennzeichen, hier die rote Farbe, hat, welches bei der Reaktion verschwindet. Ist ein solches nicht vorhanden, so hat die *Indikatormethode* einzutreten.

Das typische Beispiel für die Indikatormethode ist das alkalimetrische und azidimetrische Verfahren, durch welches die Mengen von Basen oder Säuren, genauer gesprochen die Menge an Hydroxylion oder Wasserstoffion, in einer Lösung ermittelt werden. Da diese Stoffe keine unmittelbar sichtbaren Zeichen ihrer Anwesenheit geben, so setzt man einen Farbstoff, z. B. Lackmus, hinzu, dessen Farbe davon abhängt, ob in der Flüssigkeit Hydroxyl- oder Wasserstoffionen überschüssig sind. So gibt Lackmus mit Alkali ein blaues Salz, sowie aber Säure in sehr kleinem Überschusse vorhanden ist, geht der Lackmusfarbstoff in die freie Säure über, welche gelbrot gefärbt ist.

Statt der Farbänderung kann auch das Entstehen oder Verschwinden eines Niederschlages oder sonst eine augenfällige Erscheinung benutzt werden. Verträgt sich der Indikator nicht mit der Untersuchungsflüssigkeit, so bringt man Tröpfchen desselben auf eine passende Unterlage (einen weißen Porzellanteller bei Farbreaktionen) und fügt nach stufenweisem Zusatz des Reagens von der Untersuchungsflüssigkeit kleine Mengen zum Indikator, bis die vom Überschuss des Reagens herrührende Reaktion auftritt.

Den Gehalt der bei der Maßanalyse benutzten Lösungen regelt man seit F. Mohr in der Art, dass ein Äquivalentgewicht des Reagens in Grammen zu einem Liter Flüssigkeit oder einem ganzen Multiplum eines Liters aufgelöst wird. Dadurch geben die verbrauchten Kubikzentimeter der- Lösung gleichzeitig die der Reaktionsformel entsprechenden Mengen der zu messenden Substanz in Milligramm-Äquivälenten (bzw. einem Submultiplum davon) an, und die Rechenarbeit wird auf ein Minimum beschränkt. Nur in einzelnen Fällen, wo sehr zahlreiche

Analysen gleicher Art auszuführen sind, insbesondere bei technischen Betrieben, stellt man wohl auch die Lösungen so ein, dass ein ccm des Reagens ein, zehn oder hundert Milligramm, oder sonst eine runde Menge des zu bestimmenden Stoffes anzeigt.

ZWEITER TEIL: ANWENDUNGEN.

Um die im ersten Teil gegebenen Gesetze und Kegeln zu lebendigerer Anschauung zu bringen und die Art ihrer Anwendung zu erläutern, habe ich nachstehend eine Reihe von Stoffen in Bezug auf ihre analytischen Eigenschaften behandelt. Ich habe mir dabei nicht die Aufgabe gestellt, analytische Chemie als solche den Anfänger zu lehren. Ein derartiges Lehrbuch ist inzwischen von W. Böttger[12] verfasst und herausgegeben worden, und ich kann auf dieses als eine vollständig sachgemäße und hinreichende umfassende Darstellung des ganzen Gebietes verweisen. Für das vorliegende Werk ist angenommen worden, dass der Leser nicht sowohl die Absicht haben wird, analytische Chemie daraus zu lernen, als vielmehr das praktisch Gelernte in Bezug auf seine wissenschaftliche Begründung einer vertiefenden Betrachtung zu unterziehen, um es dadurch freier und sicherer anwenden zu können. Zu diesem Zweck ist eine Vollständigkeit des Materials nicht erforderlich, und daher auch nicht angestrebt worden; nur habe ich acht darauf gegeben, von den typischen und charakteristischen Fällen keinen unberücksichtigt zu lassen.

Die Einteilung des Gegenstandes ist die übliche nach den analytisch sich ergebenden Gruppen. Als wesentlich neu und, wie mir scheint, unmittelbar auf den Unterricht übertragbar möchte ich die Berücksichtigung des Ionenzustandes betonen, welchen das zu suchende Element annehmen kann. Hält man den schon früher[13] hervorgehobenen Gesichtspunkt fest, dass die analytischen Reaktionen mit ganz wenigen Ausnahmen *Ionenreaktionen* sind, so ergibt sich alsbald eine außerordentlich erleichterte Übersicht über die Tatsachen der analytischen Chemie, deren praktische Brauchbarkeit sich in der allermannigfaltigsten Weise erwiesen hat, so dass die elektrolytische Dissoziationstheorie jetzt als allgemein anerkannt gelten darf.

---

[12] W. Böttger. Qualitative Analyse vom Standpunkt der Ionenlehre. 3. Aufl. (Leipzig 1913.)
[13] Zeitschr. f. phys. Chemie 3, 596. (1889.)

Sechstes Kapitel. Wasserstoff und Hydroxylion.

1. Säuren und Basen.

Verbindungen, deren wässerige Lösungen Wasserstoff als Ion enthalten, nennt man Säuren, solche, die Hydroxylion enthalten, Basen. Man erkennt sie qualitativ an den Farbänderungen, welche sie bei gewissen Farbstoffen hervorrufen, und benutzt die gleichen Reaktionen als Indikator bei der maßanalytischen quantitativen Bestimmung des Wasserstoffions oder der Säuren und des Hydroxylions oder der Basen.

Die Messung der Mengen vorhandenen Wasserstoffoder Hydroxylions erfolgt fast immer auf maßanalytischem Wege (S. 58), indem man z. B. zu einer Säure so lange eine basische Lösung von bekanntem Gehalt, etwa Barytwasser, zufügt, bis der vorhandene Indikator den entsprechenden Umschlag zeigt, d. h. bis die anfänglich saure Lösung eben basisch zu reagieren beginnt. Bei der Messung von Basen verfährt man umgekehrt. Der hierbei eintretende Vorgang ist die Verbindung der beiden Ionen Wasserstoff und Hydroxyl zu dem äußerst wenig dissoziierten und neutral reagierenden Wasser.

Wiewohl die verschiedenen Säuren und Basen in sehr verschiedenem Maß in ihre Ionen dissoziiert sind, erhält man doch beim Vergleich äquivalenter Lösungen unabhängig hiervon die gleichen Ergebnisse. So verbraucht beispielsweise eine Lösung von 36.47 g oder einem Äquivalent Chlorwasserstoff ebensoviel von einer gegebenen Barytlösung, wie eine verdünnte Essigsäure, in welcher 60.04 g oder ein Äquivalent dieses Stoffes vorhanden ist. Da früher (S. 58) mitgeteilt worden war, dass die Essigsäure zu weniger als 10% dissoziiert ist, so sollte man erwarten, dass für die Neutralisation ihres Wasserstoffions weniger als ein Zehntel des Barytwassers genügen sollte. Man braucht aber gleich viel Baryt, und daraus folgt, dass durch die Titration mit Baryt oder einer ähnlichen basischen Flüssigkeit nicht das *freie* Wasserstoffion allein angezeigt wird, sondern alles Wasserstoffion, welches aus der vorhandenen Säure frei werden kann, wenn diese vollständig in ihre Ionen zerfällt.

Die Ursache hiervon liegt in der Massenwirkung. Gesetzt, man habe so viel Barytwasser, d. h. Hydroxylion zu der Lösung gefügt, dass alles freie Wasserstoffion der Essigsäure in Wasser verwandelt ist. Dann ist in der Lösung eine bedeutende Menge nichtdissoziierter Essigsäure übriggeblieben, die nicht in diesem Zustande verbleiben kann, sondern auch ihrerseits so weit in ihre Ionen zerfallen muss, bis der Gleichgewichtsgleichung S. 60 Genüge geschehen ist. Das auf solche Weise neu entstandene Wasserstoffion reagiert wieder sauer auf den Indikator. Setzt man weiter Hydroxylion zu, so wiederholen sich diese Vorgänge so lange, bis alle nichtdissoziierte Essigsäure verschwunden ist. Dann kann kein neues Wasserstoffion entstehen; die saure Reaktion hört auf und macht der des zugefügten kleinen Überschusses von Hydroxylion Platz.

Diese Betrachtungen gelten natürlich für alle Säuren, und in entsprechender Weise auch für alle Basen. Man kann sie zusammenfassen, indem man sagt, dass durch die Neutralisation nicht nur die augenblicklich vorhandenen Ionen angezeigt werden, sondern die gesamte Ionenmenge, welche unter den Umständen der Analyse sich überhaupt bilden kann, also nicht der Betrag der *aktuellen* Ionen, sondern der der *aktuellen* und *potentiellen* Ionen zusammen.

Man sieht leicht ein, dass sieh ganz die gleichen Betrachtungen auf alle andern *chemischen* Methoden anwenden lassen, durch welche bestimmte Ionenarten analytisch gemessen werden. In allen Fällen wird durch die Reaktion ein bestimmtes Ion aus der Lösung entfernt, wodurch sein Gleichgewicht mit seinen vorhandenen Verbindungen gestört wird; es entsteht aus diesen dann von neuem so lange, als letztere noch vorhanden sind, und man misst durch die gewöhnlichen analytischen Methoden daher immer die potentiellen Ionen mit.

Die Messung der unter gegebenen Bedingungen *wirklich* vorhandenen Konzentration eines bestimmten Ions ist eine Aufgabe ganz anderer Art, mit deren Lösung wir uns hier nicht befassen werden, da sie zurzeit nicht als zur analytischen Chemie gehörig angesehen wird.

2. Theorie der Indikatoren.

Damit ein Farbstoff als Indikator brauchbar sei, muss er entweder saurer oder basischer Natur sein, und muss im nichtdissoziierten Zustand eine andere Farbe haben, als im Ionenzustande[14]. Ferner darf er keine starke Säure (oder Basis) sein, da er sonst schon in freiem Zustand in seine Ionen zerfallen wäre und keine Änderung seiner Farbe bei der Neutralisation zeigen würde. Denn bei der Neutralisation einer starken Säure gebt nur ihr Wasserstoffion mit dem Hydroxyl der Basis in Wasser über, während das Anion keine Änderung erleidet. Eine schwache Säure existiert aber zum großen Teil nicht als Ion, sondern undissoziiert in der Lösung, und erst durch die Neutralisation, d. h. durch den Übergang in ein

---

[14] Ob die nichtdissoziierte Säure ihrerseits eine „tautomere" Umwandlung erleidet (wie dies inzwischen in vielen Fällen wahrscheinlich gemacht worden ist), oder nicht, hat auf die nachfolgenden Darlegungen keinen Einfluss. Siehe außerdem: Salm, Ztschr. f. phys. Chemie 57, 471 (1907).

Neutralsalz tritt die Ionenbildung ein, da die Neutralsalze auch der schwachen Säuren sehr vollständig dissoziiert sind.

Die Eigenschaften eines Indikators hängen im Übrigen wesentlich von dem Dissoziationsgrade ab. Ist er eine *sehr* schwache Säure (für basische Indikatoren gelten vollkommen analoge Betrachtungen), so werden auch Säuren von geringem Dissoziationsgrade, sowie sie in geringstem Überschusse zugegen sind, ihm ihren Wasserstoff abgeben, um die Farberscheinung hervorzurufen, die dem Übergang aus dem Ionenzustand in den der nichtdissoziierten Molekel entspricht. Solche Indikatoren werden daher empfindlich sein und sich auch zur Messung ziemlich schwacher Säuren (wie Essigsäure) verwenden lassen. Sie sind aber nur mit starken Basen brauchbar, denn mit schwachen Basen können sie nur unvollkommen Salze bilden, da diese durch das Wasser hydrolytisch zersetzt werden (S. 64); sie geben daher mit schwachen Basen die von der Ionenbildung verursachte Farberscheinung nur unvollkommen und unscharf.

Ein gutes Beispiel für einen sehr schwach sauern Indikator ist Phenolphthalein, welches als Molekel farblos, als (wahrscheinlich tautomeres) Ion rot ist. Die durch Alkali rot gefärbte Lösung enthält das Salz des Phenolphthaleins, d. h. dessen Ionen und wird nach der Neutralisation durch den geringsten Überschuss freier Säure entfärbt, indem sich die farblose, nichtdissoziierte Molekel bildet. Ammoniak ist aber schon eine zu schwache Basis, um in sehr verdünnter Lösung mit Phenolphthalein ein normales Salz zu bilden und dessen Ionen entstehen zu lassen; vielmehr gehört ein merklicher Überschuss von Ammoniak dazu, um die hydrolytische Wirkung des Wassers zu überwinden. Daher wird der Farbübergang bei Gegenwart von Ammoniaksalzen unscharf und tritt erst bei merklichem Überschuss der Basis ein. Für die *Azidimetrie,* insbesondere schwächerer Säuren, bei welcher man die zur Neutralisation zu verwendende Basis frei wählen kann und unter den starken wählt (Barytwasser ist am geeignetsten), ist also Phenolphthalein ein vorzüglich brauchbarer Indikator; für die Alkalimetrie ist es dagegen ungeeignet, da eine Anwendung auf die ganz starken Basen beschränkt ist.

Auf der entgegen gesetzten Seite der Verwendbarkeit steht unter den bekannteren Indikatoren das Methylorange. Es ist eine mittelstarke Säure, deren Ion gelb gefärbt ist, während die nichtdissoziierte Verbindung rot ist. Die reine wässerige Lösung der Säure ist schon für sich merklich dissoziiert, und zeigt daher eine Mischfarbe; durch Zusatz einer Spur einer starken Säure geht infolge der Massenwirkung des Wasserstoffions (S. 63) die Dissoziation zurück, und die Farbe des unzersetzten Stoffes wird vorherrschend.

Wird nun zu einer basischen Flüssigkeit Methylorange gesetzt, so bildet sich das Salz, und die gelbe Farbe des Ions tritt auf. Neutralisiert man mit einer starken Säure, so tritt, sowie überschüssiges Wasserstoffion vorhanden ist, der eben geschilderte Vorgang ein, und der Farbenumschlag findet statt. Ist dagegen die Säure schwach, d. h. wenig dissoziiert (wobei die Dissoziation noch durch das in der Flüssigkeit gebildete Neutralsalz zurückgedrängt wird), so ist die Menge des Wasserstoffions beider Überschreitung des Neutralisationspunktes zu gering, als dass sich eine sichtbare Menge nichtdissoziierter Verbindung bilden könnte, und die Rötung tritt erst nach erheblicherem Zusatz und folgeweise ein: die Reaktion wird unscharf. Für die Titration beliebiger Säuren ist daher Methylorange ungeeignet.

Handelt es sich aber um die Titration von Basen, auch schwacher, so ist Methylorange der richtige Indikator. Denn bei seiner ausgeprägt sauern Natur bildet dieser Farbstoff auch mit recht schwachen Basen Salze, welche durch Wasser nicht merklich hydrolysiert werden, und gibt daher scharfe Umschläge auch dort, wo schwächer saure Indikatoren versagen.

Die Übrigen sauern Indikatoren liegen zwischen diesen beiden Extremen und können danach in ihrer Anwendung beurteilt werden. [Vgl. Salm, Ztschr. f. ph. Ch. 57,471 (1907).]

Völlig entsprechende Betrachtungen lassen sich über die basischen Indikatoren anstellen. Zur Titration schwacher Säuren wird nur ein stärker dissoziierter Indikator brauchbar sein, während schwache Basen einen möglichst schwach basischen erfordern.

Indessen darf man weder hier, noch bei den sauern Indikatoren in das Extrem der stärksten Dissoziation gehen. Denn ein Indikator, welcher ebenso stark dissoziiert ist wie die stärksten Säuren (Chlorwasserstoff, Salpetersäure), wird in saurer und in alkalischer Lösung *überhaupt keine Farbenverschiedenheit zeigen.* Denn er ist in saurer Lösung bereits praktisch vollständig dissoziiert, und seine Anionen sind daher schon im freien Zustande vorhanden, und nehmen diesen nicht erst durch die Salzbildung an. Da die Anionen demgemäß bei der Neutralisation überhaupt keine Änderung erfahren, können sie auch ihre Farbe nicht ändern. Beispiele für diesen Fall sind die starken Säuren Pikrinsäure, Übermangansaure, die in saurer wie alkalischer Lösung gleiche Farbe zeigen.

3. Gegenwart von Kohlensäure.

Einige Schwierigkeiten bietet bei der Azidimetrie der Umstand, dass durch die Berührung mit der atmosphärischen Luft die in ihr vorhandene Kohlensäure die Möglichkeit hat, auf basische Flüssigkeiten einzuwirken und ihren Titer zu ändern. Solange es sich um die Messung schwacher Säuren handelt, ist diese Fehlerquelle streng auszuschließen; man muss in solchem Falle für einen vollständigen Abschluss der alkalischen Titrierflüssigkeit gegen die atmosphärische Kohlensäure sorgen (z. B. durch Natronkalkröhren) und verwendet am besten Barytwasser, da dieses nicht kohlensäurehaltig werden kann und zudem das Glas der Flaschen sehr viel weniger angreift, als Kali oder Natron.

Kommen dagegen starke Säuren zur Anwendung, so kann man die Wirkung der Kohlensäure, die eine sehr schwache Säure ist, dadurch unschädlich machen, dass man als Indikator eine Säure von mittlerer Stärke anwendet. Am besten ist hierzu Methylorange verwendbar, und es gelingt damit, nicht nur kohlensäurehaltiges Alkali, sondern direkt Karbonate zu titrieren. Und zwar ist der Übergang umso schärfer, je konzentrierter die Lösung ist. Man kann sich durch eingehende Betrachtung der auftretenden Gleichgewichtsverhältnisse leicht von der Richtigkeit dieser letzten Bemerkung überzeugen, doch genügt wohl auch schon der Hinweis darauf, dass bei zunehmender Verdünnung alle schwachen Säuren ihren Dissoziationsgrad vermehren, dass also die Unterschiede der Dissoziation, auf denen das Verfahren beruht, bei wachsender Verdünnung zunehmend verwischt werden.

Ähnlich wie Kohlensäure verhält sich Schwefelwasserstoff.

4. Mehrbasische Säuren.

Während einbasische Säuren, auch wenn sie verhältnismäßig schwach sind, sich scharf titrieren lassen, zeigen einige mehrbasische Säuren von ausgeprägt sauerm Charakter bei der Neutralisation unscharfe Übergänge, welche auf eine Hydrolyse ihrer neutralen Salze hindeuten.

Die Ursache dieser auffallenden Erscheinung, für die als Beispiele schweflige Säure und Orthophosphorsäure genannt werden mögen, liegt in der bereits erwähnten *stufenweisen Dissoziation* (S. 61), der zufolge die mehreren Verbindungsgewichte Wasserstoff der mehrbasischen Säuren sehr verschiedene Tendenz haben, in den dissoziierten Zustand überzugehen, und zwar eine zunehmend geringere. Für den Farbübergang des Indikators kommt aber nur die Beschaffenheit des letzten, schwächsten Wasserstoffes in Frage, da das erste bereits durch die ersten Anteile der zugesetzten Basis beseitigt worden ist. Ist die diesem Wasserstoff entsprechende Dissoziationskonstante sehr klein, so findet in Bezug auf denselben in der wässerigen Lösung Hydrolyse statt (S. 64), und deren Folge ist, wie soeben dargelegt wurde, ein unscharfer Übergang.

Auf dem gleichen Umstande beruht das verschiedene Verhalten mehrbasischer Säuren gegen verschiedene Indikatoren. Phosphorsäure verhält sich mit Methylorange wie eine einbasische Säure, d. h. nur der erste Wasserstoff der Phosphorsäure ist genügend dissoziiert, um den gelben Säureionen das zur Bildung der roten nichtdissoziierten Verbindung erforderliche Wasserstoffion liefern zu können. Mit Phenolphthalein, welches eine sehr viel schwächere Säure ist, titriert sich die Phosphorsäure dagegen zweibasisch, weil dieser Indikator einer viel geringeren Konzentration des Wasserstoffions bedarf, um sich in die farblose Verbindung zu verwandeln. Der dritte Wasserstoff der Phosphorsäure ist schließlich der einer so schwachen Säure, dass das entsprechende Alkalisalz in wässeriger Lösung in ziemlich weitgehendem Maße hydrolysiert ist, so dass eine Titration nicht ausführbar ist.

Ähnlich erklärt sich die Beobachtung, dass man Kohlensäure mit Phenolphthalein als einbasische Säure titrieren kann.

Da bei allen diesen Vorgängen von verhältnismäßig geringen Unterschieden der Dissoziation Gebrauch gemacht werden muss, so sind die Farbübergänge sämtlich weniger scharf, als bei starken einbasischen Säuren, und die Reaktionsverhältnisse verschieben sich etwas mit der Verdünnung. Sollen derartige Bestimmungen gemacht werden (was im Allgemeinen nicht zu empfehlen ist), so ist möglichst auf größere und möglichst gleiche Konzentration der Reaktionsflüssigkeiten zu achten. Auch erweist es sich als nützlich, eine Probe der mit dem Indikator versehenen und zur Reaktion gebrachten Flüssigkeit in einem ähnlichen Gefäß, wie das zur Analyse dienende, zum Vergleich daneben zu haben, und die Titration bis zum Erscheinen eines möglichst übereinstimmenden Farbtones zu führen.

Man hat gelegentlich die eben beschriebenen Erscheinungen auf unsymmetrische Konstitution der fraglichen Säuren zurückzuführen versucht. Indessen treten sie bei manchen unzweifelhaft symmetrisch konstituierten Säuren auf, und bleiben bei andern aus, die ebenso unzweifelhaft unsymmetrisch konstituiert sind. Die Ursachen, welche eine größere oder kleinere Verschiedenheit der aufeinander folgenden Koeffizienten bestimmen, sind teilweise bekannt, können aber an dieser Stelle nicht erörtert werden.

Siebentes Kapitel. Die Gruppe der Alkalimetalle.

1. Allgemeines.

Die Metalle Kalium, Rubidium, Cäsium, Natrium und Lithium kommen in Lösungen ausschließlich in Gestalt einwertiger Kationen vor und bilden keinerlei andere Verbindungen. Sie zeigen daher die diesen zukommenden Reaktionen immer, und sogenannte anomale Reaktionen kommen bei ihnen nicht vor. Ihre Hydroxyde sind in Wasser leicht löslich und sehr vollständig dissoziiert, so dass sie die stärksten bekannten Basen sind. Sie bilden mit den gewöhnlichen Fällungsreagenzien lauter lösliche Salze, und bleiben nach Abscheidung der übrigen Metalle in der Lösung zurück; auf diesem Umstande beruht ihre Trennung von diesen.

2. Kalium, Rubidium, Cäsium.

Schwerlösliche Salze bilden die Alkalimetalle mit Kieselfluorwasserstoffsäure und Platinchlorwasserstoffsäure. Erstere fällt sowohl Kalium-(Rubidium- und Cäsium-)ion wie Natriumion, kann also nicht zur Trennung dienen. Platinchlorion $PtCl_6''$ bildet mit $K\cdot$, $Rb\cdot$ und $Cs\cdot$ schwerlösliche Salze von der Formel Me_2PtCl_6, mit $Na\cdot$ und $Li\cdot$ leichtlösliche. Um Kalium und Natrium zu trennen, verdampft man die Chloride mit überschüssigem Platinchlorwasserstoff zum Sirup und nimmt mit Alkohol auf, worin das Natriumplatinchlorid leicht löslich ist. Da sowohl Chlornatrium, wie auch entwässertes Natriumplatinchlorid in Alkohol schwer löslich sind, hat man einerseits für überschüssige Platinchlorwasserstoffsäure, anderseits dafür zu sorgen, dass der Verdampfungsrückstand auf dem Wasserbade nicht vollständig trocken wird. Das bei 110° getrocknete Kaliumplatinchlorid enthält noch Spuren eingeschlossenen Wassers und hat deshalb ein etwas zu hohes Gewicht.

Für die Trennung von Kalium, Rubidium und Cäsium ist kein analytisches Verfahren bekannt; man bedient sich der verschiedenen Löslichkeit ihrer Platinchloride oder sauern Tartrate, um eine „Fraktionierung" oder annähernde Trennung zu erreichen. Zur Analyse ist hier nur das indirekte Verfahren anwendbar, indem man beispielsweise erst die Chloride, dann die Platinchloride wägt. Doch setzt die Anwendung dieses Verfahrens voraus, dass nur zwei von den Elementen gleichzeitig vorhanden sind.

Kalium lässt sich ferner als saures Tartrat durch Zusatz von Weinsäure abscheiden. Da hierdurch aus dem Kaliumsalz die entsprechende freie Säure gebildet wird, welche, wenn sie stark ist, auf den Niederschlag nach S. 73 lösend einwirkt, d. h. seine Entstehung beeinträchtigt, so hat man sie entweder mit Natriumazetat unschädlich zu machen (S. 67), oder man wendet besser als Fällungsmittel statt freier Weinsäure ein Lösung von sauerm Natriumtartrat an, wodurch die Bildung freier Säure vermieden wird. Das letztere Verfahren ist auch » insofern vorzuziehen, als es gestattet, mehr Weinsäureion in die Lösung zu bringen, als bei Anwendung der (mäßig dissoziierten) freien Weinsäure möglich ist, wodurch die Löslichkeit des entstehenden Weinsteines wirksamer vermindert wird.

Weinstein zeigt in hohem Maße Übersättigungserscheinungen. Man führe daher die Reaktion in möglichst konzentrierter Lösung aus, und lasse unter Umschütteln längere Zeit stehen. Dadurch, dass man „Keime" des festen Salzes in die Flüssigkeit einträgt, kann man die Reaktion viel bestimmter und empfindlicher machen. Solche Keime erhält man, wenn man Weinstein mit der hundertfachen Menge eines leichtlöslichen Natriumsalzes, z. B. Natriumnitrat, sehr fein verreibt und eine geringe Menge des Pulvers in die Flüssigkeit einträgt. Während das Natriumsalz sich sofort auflöst, bewirken die Stäubchen des Weinsteines eine Ausscheidung des Salzes, falls die Lösung kaliumhaltig ist; im andern Falle lösen sich diese (mit bloßem Auge nicht sichtbaren) Stäubchen gleichfalls auf.

Der qualitative Nachweis des Kaliums erfolgt durch die Flammenreaktion. Die Kaliumflamme enthält violette und rote Strahlen und erscheint, durch Kobaltglas betrachtet, welches hauptsächlich die letztern durchlässt, rot. Das gelbe Natriumlicht, welches die Kaliumflamme für das bloße Auge schon bei minimalen Natriummengen verdeckt, wird vom Kobaltglas vollständig zurückgehalten, so dass die gelbe Flamme, welche durch ein Gemenge von Kalium- und Natriumverbindungen hervorgebracht wird, durch Kobaltglas rot erscheint, während die reine Natriumflamme unsichtbar wird.

Ein Spektroskop zeigt beim Gemenge die rote und violette Linie (letztere schwer sichtbar) des Kaliums neben der hellen gelben Doppellinie des Natriums.

3. Natrium

wird quantitativ bestimmt, indem man das bei der Analyse erhaltene Gemenge von Chlorkalium und Chlornatrium wägt, ersteres mit Platinchorwasserstoff abscheidet, auf Chlorkalium zurückberechnet, und von der Gesamtmenge der Chloride abzieht; der Rest ist das Chlornatrium.

Der qualitative Nachweis des Natriums beruht auf der gelben Flammenfärbung. Da das Natrium in der Natur weitverbreitet ist, und die Flammenfärbung überaus empfindlich ist, so muss man auf die *Dauer* der

Reaktion achten. Spuren von Natrium, wie sie im Staub vorhanden sind, geben eine kurz dauernde Färbung; messbare Mengen von Natriumverbindungen lassen dagegen die Erscheinung minutenlang andauern. Auch kann man Natrium durch Fällung als Metantimonit erkennen.

4. Lithium

zeigt eine intensiv rote Flammenfärbung und bei der spektralen Zerlegung eine rote Linie neben einer orangegelben. Das rote Lithiumlicht ist von kleinerer Wellenlänge, als das des Kaliums, und wird vom Kobaltglas absorbiert.

Die Reaktionen des Lithiums erinnern mehr an die der Erdalkalimetalle, als an die der Alkalimetalle. Es bildet ein schwerlösliches Karbonat und Phosphat; sein Chlorid ist in wasserfreiem Ätheralkohol löslich, was die Alkalichloride nicht sind, und wird beim Glühen an feuchter Luft alkalisch, wie Chlorkalzium oder Chlormagnesium. Mit Platinchlorwasserstoffsäure und Weinsäure gibt es keine Niederschläge.

Die quantitative Bestimmung erfolgt als Phosphat, Li_3PO_4, durch Fällung der Lösung mit Trinatriumphosphat (gewöhnliches phosphorsaures Natron plus Natronlauge).

5. Ammoniak.

In den Salzen, welche sich bei der Verbindung des Ammoniaks mit den Säuren bilden, ist das Ion Ammonium, NH_4- enthalten, welches in vieler Beziehung dem Kaliumion ähnlich sich verhält. Wie dieses bildet es ein schwerlösliches Chloroplatinat und Bitartrat; seine Salze sind den Kaliumsalzen vielfach isomorph.

In Wasser löst Ammoniak sich zu Ammoniumhydroxyd NH_4OH auf, welches zum Teil dissoziiert ist. Seine Dissoziationskonstante in der Formel $\frac{\alpha^2}{(1-\alpha)v} = k$ beträgt, wenn v in Litern ausgedrückt ist, k = 0.000023; in seiner $1/_{10}$-normalen Lösung ist es zu 1.5 Prozent dissoziiert. Ammoniak gehört daher zu den schwächeren Basen.

In der wässerigen Lösung ist neben Ammoniumhydroxyd sein Anhydrid Ammoniak vorhanden, welches beim Erhitzen zum Teil entweicht. Durch Sieden lässt sich alles Ammoniak aus einer wässerigen Lösung austreiben; jede Dampfblase bildet für das Ammoniak ein Vakuum, in welchem sein Teildruck zunächst Null ist, so dass das Gas aus der Flüssigkeit alsbald hineindiffundiert und fortgeführt wird. Hierauf beruht die Bestimmung des Ammoniaks in seinen Salzen: man destilliert sie unter Zusatz einer stärkeren Basis, und fängt das Ammoniak in vorgelegter Säure auf. Um es quantitativ zu bestimmen, legt man eine gemessene Menge titrierter Säure vor und titriert mit Barytwasser unter Benutzung von Methylorange die nicht neutralisierte Säure zurück.

Ammoniak hat in hohem Maße die Fähigkeit, mit andern Elementen, insbesondere Metallen, komplexe Ionen von der allgemeinen Formel Me + nNH$_3$ zu bilden, welche häufig dieselbe Valenz haben, wie die Metallionen für sich. An diesen komplexen Verbindungen zeigt sich im Grenzfalle weder die Reaktion des Metalls, noch die des Ammoniaks. Doch sind derartige Komplexe von allen Stufen der Beständigkeit vorhanden; die leichter zersetzbaren unter ihnen sind als Salze am beständigsten; die freien Basen spalten sich leichter in Metallhydroxyd und Ammoniak, da ersteres sich in fester Gestalt abscheidet und so das Gleichgewicht stört. Durch Erhitzen entwickeln die meisten Ammoniak mehr oder weniger leicht schon für sich; beim schwachen Glühen mit Ätzalkalien oder Natronkalk werden sie vollständig zersetzt, und aller Stickstoff geht als Ammoniak über.

Eine charakteristische Verbindung, das Jodid des Dimerkurammoniums (NHg$_2$J + H$_2$0) bildet sich als gelbbrauner Niederschlag beim Zusammenbringen einer alkalischen Lösung von Kaliumjodmerkurat K$_2$HgJ$_4$ (Neßlers Reagens) mit Ammoniumverbindungen schon in sehr verdünnter Lösung. Das Quecksilbersalz muss im Überschuss vorhanden sein, da sich sonst löslichere quecksilberärmere Ammoniumverbindungen bilden, auch muss die Flüssigkeit ziemlich stark alkalisch reagieren. Da es sich hier nicht um eine einfache Ionenreaktion, sondern um die Bildung eines zusammengesetzten Stoffes handelt, so erfolgt der Vorgang nicht augenblicklich, und man muss die gemischten Flüssigkeiten einige Zeit stehen lassen, bis die Wirkung vollständig ist. Die Reaktion dient zum qualitativen Nachweis geringer Mengen Ammoniak, kann aber auch durch Messung der Färbung annähernd quantitativ gemacht werden.

Achtes Kapitel. Die Erdalkalimetalle.

1. Allgemeines.

Die fünf Metalle Kalzium, Strontium, Barium, Magnesium und Beryllium bilden zweiwertige Kationen; sie kommen analytisch nur als solche vor, und komplexe Ionen von einiger Beständigkeit sind von ihnen nur beim Beryllium bekannt. Die drei ersten bilden in Wasser weniger oder mehr lösliche starke Basen, die annähernd ebenso dissoziiert sind wie die Alkalihydroxyde. Über die Dissoziation der beiden andern Hydroxyde lässt sich nicht viel sagen, da sie in Wasser zu wenig löslich sind, doch kann nach dem Verhalten der Salze Magnesia nur noch als eine mäßig starke Base bezeichnet werden, während Berylliumhydroxyd eine schwache Base ist, da seine Salze sauer reagieren und somit durch das Lösungswasser hydrolytische Zerlegung erfahren. Im allgemeinen Verhalten zeigt Beryllium, das Metall mit dem kleinsten Verbindungsgewicht, ebenso einen Anschluss auf die dreiwertigen Metalle der nächsten Gruppe, wie Lithium, das Alkalimetall mit dem kleinsten Verbindungsgewicht, eine Ähnlichkeit mit den zweiwertigen Metallen aufwies.

Sämtliche Metalle dieser Gruppe geben schwerlösliche Karbonate und Phosphate, die drei ersten auch Sulfate von zunehmender Schwerlöslichkeit. Die Sulfide des Kalziums, Strontiums und Bariums sind in Wasser zunehmend löslicher, werden aber hydrolytisch gespalten, indem in der Flüssigkeit statt des zweiwertigen Schwefelions S" das einwertige Ion HS' und Hydroxyl OH' neben dem metallischen Kation vorhanden sind; bei passenden Verhältnissen zum Lösungswasser kristallisieren die Hydroxyde heraus. Magnesium- und Berylliumsulfid erfahren diese Hydrolyse in so hohem Maße, dass Schwefelwasserstoff entweicht und das schwerlösliche Hydroxyd sich abscheidet.

2. Kalzium.

Kalziumsalze werden durch Karbonate, Phosphate und Oxalate gefällt. Kalziumkarbonat fällt zuerst amorph und ist dann in Wasser merklich löslich; beim Stehen, schneller in der Wärme, wird der Niederschlag kristallinisch, indem er die rhomboedrischen Formen des Kalkspates annimmt, und gleichzeitig sehr viel schwerer löslich wird. Der Niederschlag löst sich leicht auch in schwachen Säuren, ebenso unter Entweichen von Ammoniumkarbonat beim Sieden mit Lösungen von Ammoniaksalzen, z. B. Salmiak. Das amorphe Kalziumkarbonat wird vermöge seiner größeren Löslichkeit schon von kalter Salmiaklösung aufgenommen; deshalb werden Kalziumsalze bei Gegenwart von genügendem Ammoniaksalz durch Karbonate nicht gefällt.

Kalziumoxalat ist eine sehr schwer lösliche Verbindung. Freie Oxalsäure fällt Kalziumsalze starker Säuren unvollkommen, da das Oxalat in freier Salz- oder Salpetersäure löslich ist. Oxalsaures Ammon bewirkt eine praktisch vollständige Fällung, auch bei Gegenwart von freier Essigsäure; letztere wirkt auf reines Kalziumoxalat etwas lösend, bei Gegenwart von essigsaurem Salz und überschüssigem Oxalat wird die Löslichkeit verschwindend klein, da ersteres die lösende Wirkung der Säure, letztere die Löslichkeit des Kalziumoxalats vermindert.

Gewogen wird das als Oxalat gefällte Kalzium entweder als Karbonat nach schwachem, oder zweckmäßiger als Oxyd nach starkem Glühen. Der qualitative Nachweis erfolgt nach Abscheidung von Barium und Strontium gleichfalls als Oxalat.

Ammoniak fällt Kalziumsalze nicht, da es eine zu schwache Base ist. Dagegen fällt Kali- oder Natronlauge, insbesondere etwas konzentrierte, schwerlösliches Kalziumhydroxyd. In reinem Wasser löst sich dies auf etwa 500 Teile; ist ein Alkali zugegen, so nimmt wegen Vermehrung des einen Ions, des Hydroxyls, die Löslichkeit sehr stark ab, so dass in Lauge von etwa 10 Prozent Kalk praktisch unlöslich ist. Dieser Umstand ist von Belang für die Herstellung von Ätzlaugen aus den Alkalikarbonaten durch Kochen mit Kalk.

In der Bunsenflamme geben Kalziumsalze insbesondere nach dem Befeuchten mit Salzsäure eine gelbrote Färbung, die bei der Auflösung mit dem Prisma ein ziemlich zusammengesetztes Spektrum zeigt.

3. Strontium.

Strontium wird als Sulfat gefällt; zur vollständigeren Abscheidung ist ein Zusatz von Alkohol dienlich, auch wirkt ein Überschuss des fällenden Sulfats in bekannter Weise günstig. Da die Schwefelsäure merklich weniger dissoziiert ist, als Salz- und Salpetersäure, so wirken letztere deutlich lösend auf die schwerlöslichen Sulfate, indem sie (S. 75) zur Bildung des Ions HSO_4 sowie von nichtdissoziierter Schwefelsäure Anlass geben. Diese Erscheinung ist bei dem löslichsten der drei Erdalkalisulfate, dem Kalziumsulfat, naturgemäß am auffälligsten: Gips löst sich recht gut in Salzsäure auf. Aber auch beim Strontiumsulfat macht sich der gleiche Vorgang geltend, und man tut gut, bei der Abscheidung dieses Stoffes einen Überschuss starker Säure zu vermeiden und die Flüssigkeit neutral oder essigsauer zu halten.

Strontiumsulfat kann durch Digerieren mit löslichen Karbonaten leicht und vollständig in Karbonat verwandelt werden. Die Gesetze, denen solche Umwandlungen unterliegen, lassen sich leicht aus dem allgemeinen Gleichgewichtsgesetz ableiten. Diese Umwandlungen sind immer reziprok: ebenso wie das Sulfat durch lösliche Karbonate in Karbonat verwandelt wird, so wandeln lösliche Sulfate das Karbonat in Sulfat um; es muss daher ein bestimmtes Verhältnis zwischen den Ionen SO_4'' und CO_3'' geben, bei welchem keine von beiden Umwandlungen stattfinden kann. Dieses Verhältnis ist notwendig das, in welchem sich die beiden schwerlöslichen Salze gleichzeitig in Wasser auflösen. Denn in diesem Falle kann offenbar keine gegenseitige Umwandlung eintreten, und die Konzentration der Ionen SO_4'' und CO_3'' stehen im Verhältnis der Löslichkeitsprodukte, weil die Menge des Ions $Sr^{••}$ welche als Faktor in beide Produkte eingeht, für beide dieselbe ist. Letzteres gilt auch für den Fall, dass lösliche Karbonate und Sulfate zugegen sind; folglich müssen auch in diesem Falle die Ionen SO_4'' und CO_3'' in demselben Verhältnis stehen.

Hieraus ergibt sich, dass eine Lösung mit überschüssigem Karbonat auf das feste Karbonat keine Wirkung ausüben wird; ebenso wirkt eine Lösung mit überschüssigem Sulfat nicht auf festes Sulfat. Ist im letztern Falle gleichzeitig festes Karbonat zugegen, so wird von diesem soviel umgewandelt, bis in der Lösung sich das kritische Verhältnis beider Ionen hergestellt hat. Auf die Menge oder das Verhältnis der festen Stoffe kommt es dabei in keiner Weise an.

Im Falle des Strontiums sind die in Betracht kommenden Löslichkeiten sehr verschieden, indem die des Sulfats viel bedeutender ist, als die des Karbonats; daher erfolgt die Umwandlung des ersteren viel leichter, als die des zweiten, und in der Lösung muss, damit Gleichgewicht stattfindet, das Sulfat bedeutend überwiegen. Beim Barium sind die beiden Löslichkeiten annähernd gleich, und daher auch das Verhältnis der beiden löslichen Salze im Gleichgewichtszustande.

Aus verdünnter Lösung fällt Strontiumsulfat nicht augenblicklich aus, und man kann auf dies Verhalten eine Unterscheidung von Strontium und Barium gründen, indem man das fällende Sulfat in verdünnter Lösung anwendet; gesättigte Gipslösung gibt eine zweckmäßige Konzentration. Man darf nicht annehmen, dass die Bildung des Sulfats so langsam erfolge; dieses bildet sich vielmehr augenblicklich, wie man aus der Messung der elektrischen Leitfähigkeit beim Vermischen verdünnter Lösungen von Strontiumhydroxyd und Schwefelsäure ersehen kann. Vielmehr handelt es sich nur um die Verzögerung der Abscheidung des festen Salzes, d. h. eine gewöhnliche Übersättigungserscheinung.

In der Bunsenflamme gibt Strontium eine purpurrote Färbung, die im Spektroskop sich in ein ziemlich zusammengesetztes Spektrum auflöst;

eine blaue Linie ist besonders charakteristisch. Am deutlichsten reagiert das Chlorid, so dass gegebenenfalls das Spektrum erst erscheint, nachdem man die Probe mit Salzsäure befeuchtet hat.

gibt es überhaupt kein wässeriges Lösungsmittel für Bariumsulfat, und dieses kann daher in solchem Sinne als der unlöslichste aller analytischen Niederschläge bezeichnet werden.

Um Barium von Strontium, dessen Nachweis es verhindert, zu trennen, fällt man es mit Kieselflusssäure, welche Strontium nicht fällt. Zu gleichem Zwecke kann man neutrale Chromate benutzen. Bariumfluosilikat ist, da die Kieselflusssäure eine ziemlich starke Säure ist, in verdünnten Säuren nicht erheblich löslicher als in reinem Wasser; Bariumchromat ist aus dem entgegen gesetzten Grunde (sowie auch wegen der leichten Umwandlung das Chromations CrO_4" in Dichromation Cr_2O_7") in starken Säuren löslich, und seine Fällung muss daher in neutraler oder essigsaurer Lösung vorgenommen werden.

Auch kann man beide Elemente auf Grund der oben auseinandergesetzten Gesetze für das Gleichgewicht löslicher und unlöslicher Salze trennen. Eine Lösung, welche annähernd gleiche Äquivalente lösliches Karbonat und Sulfat enthält, ist auf Bariumsulfat ohne Einfluss, während sie Strontiumsulfat leicht in Karbonat umwandelt. Hat man beide Metalle als Sulfate gefällt, so kann man das Gemenge durch Digerieren mit der genannten Lösung in ein Gemenge von Bariumsulfat und Strontiumkarbonat umwandeln, aus dem man letzteres mit Salzsäure ausziehen kann.

In der Bunsenflamme geben die Bariumsalze ein grünes Licht, das sich im Spektroskop in eine größere Anzahl von Banden (nicht Linien) auflöst.

5. Magnesium.

Magnesiumhydroxyd ist eine erheblich schwächere Basis, als die andern Hydroxyde dieser Gruppe; es vermag schon kein normales Karbonat mehr zu bilden, wenn die Bestandteile bei Gegenwart von Wasser zusammentreffen; die hydrolytische Wirkung des letztern lässt ein Gemenge von Karbonat und Hydroxyd entstehen. Fällt man in der Kälte, so bleibt lösliches Bikarbonat in großer Menge in Lösung, aus dem erst beim Erwärmen Karbonat heraus fällt.

Magnesiumhydroxyd ist für sich zwar löslich genug, um rotes Lackmuspapier zu bläuen, doch wird es durch die Gegenwart von überschüssigem Alkali infolge der vermehrten Konzentration des Hydroxylions so schwerlöslich, dass man dieses zur quantitativen Abscheidung des Magnesiums benutzen kann.

Versetzt man ein Magnesiumsalz mit Ammoniak, so fällt das Hydroxyd nur teilweise aus, und ist von vornherein genügend Ammoniaksalz zugegen, so entsteht überhaupt kein Niederschlag. Dagegen kann auch in solchen Lösungen durch einen genügenden Überschuss von Kali oder Natron wieder ein Niederschlag von Hydroxyd erhalten werden.

Die Erklärung dieser Erscheinung ist ähnlich der der Einwirkung der Kohlensäure auf Bleisalze (S. 73) und der des Schwefelwasserstoffs auf Zinksalze (s. unten). Ammoniak ist eine wenig dissoziierte Base, doch ist die Konzentration des Hydroxylions noch groß genug, um mit der des Magnesiumions in einer Magnesiumsalzlösung das Löslichkeitsprodukt des Hydroxyds zu überschreiten. Es fällt demnach Magnesiumhydroxyd aus. Durch die Reaktion entsteht eine dem nunmehr überschüssigen Anion des Magnesiumsalzes entsprechende Menge von Ammoniumion, die auf die Dissoziation des zugefügten Ammoniaks rückwirkt, und die Konzentration des Hydroxylions mehr und mehr vermindert. Es wird daher bald ein Zustand erreicht, wo die verminderte Konzentration des Hydroxylions nicht mehr genügt, um mit dem vorhandenen Magnesiumion das Löslichkeitsprodukt des Hydroxyds zu ergeben, und dann bleibt die Fällung aus.

Fügt man von vornherein ein Ammoniaksalz, d. h. Ammoniumion, in genügender Menge zu, so geht die Konzentration des Hydroxylions in dem zugesetzten Ammoniak alsbald unter den kritischen Wert, und das Löslichkeitsprodukt des Hydroxyds wird überhaupt nicht erreicht.

Setzt man dagegen Kali oder Natron zu einer solchen Flüssigkeit, so kann man dadurch die Konzentration des Hydroxylions steigern, bis das Löslichkeitsprodukt erreicht wird. Wie viel Alkali dazu nötig ist, hängt von der Menge des Ammoniaksalzes ab. Denn die ersten Zusätze des Hydroxylions werden dazu verbraucht, mit dem vorhandenen Ammoniumion nichtdissoziiertes Ammoniumhydroxyd, bzw. Ammoniak zu bilden, und erst wenn dieser Vorgang nahezu zu Ende ist, kann eine Steigerung der Konzentration des Hydroxylions bis zur Fällung von Magnesia hervorgebracht werden.

6. Anhang.

Aluminium. Das dreiwertige Ion des Aluminiums hat nur einen schwach basischen Charakter. Seine Salze reagieren alle sauer, und die mit schwächeren Säuren zerfallen in der Siedehitze in basische Salze, die sich unlöslich abscheiden, und freie Säure, die gelöst bleibt. Auch wirkt das Hydroxyd nicht auf Lackmuspapier.

Den löslichen Basen gegenüber verhält sich Aluminiumhydroxyd entgegengesetzt wie Magnesiumhydroxyd, denn es ist in Ammoniak unlöslich, in den Ätzalkalien dagegen löslich. Die Löslichkeit in letzteren rührt daher, dass es sich als Säure betätigen kann; die Ionen derselben sind $3H\cdot$ und AlO_3''', durch die Bildung der letztern wird Al-Ion verbraucht, und das Hydroxyd muss in Lösung gehen.

Beim Aluminium tritt zuerst eine Eigentümlichkeit auf, die sich bei den meisten der später zu besprechenden Matalle wiederfindet: die Fällung des Hydroxyds wird durch die Gegenwart nichtflüchtiger organischer Säuren verhindert. Die Ursache dieser Erscheinung ist hier und später die Bildung komplexer Verbindungen durch den Eintritt des Metalls in das Hydroxyl der Säure. Denn die nichtflüchtigen organischen Säuren, die diese Wirkung zeigen, sind sämtlich hydroxyliert; und dass das Hydroxyl die Ursache der Erscheinung ist, geht daraus hervor, dass auch nichtsaure Stoffe, wenn sie nur mehrere Hydroxylgruppen enthalten, die gleiche fällungsverhindernde Wirkung üben. Beispiele sind Zucker, Glyzerin u. a. m.

Neuntes Kapitel. Die Metalle der Eisengruppe.

1. Allgemeines.

Die Metalle der Eisengruppe bilden Schwefelverbindungen, welche meist vom Wasser nicht zersetzt werden, wohl aber von verdünnten Säuren. Sie werden daher durch Schwefelwasserstoff aus sauern Lösungen nicht gefällt, wohl aber durch Schwefelammonium.

Die Gesetze, von denen die Löslichkeit der Schwefelmetalle in verdünnten Säuren abhängt, sind dieselben, welche im allgemeinen für die Löslichkeit von Salzen schwacher Säuren gelten (S. 71), nur tritt hier eine Vereinfachung der Verhältnisse insofern ein, als vermöge des gasförmigen Zustandes des Schwefelwasserstoffes die Konzentration des letztern einen bestimmten, durch den Absorptionskoeffizienten gegebenen Betrag nicht überschreiten kann, solange man bei Atmosphärendruck arbeitet. Durch Behandeln mit Schwefelwasserstoff unter Druck würde man z. B. Zink auch aus sauern Lösungen fällen können; umgekehrt würden in einem Baume, wo der Schwefelwasserstoff nur einen bestimmten, sehr kleinen Druck annehmen könnte, Schwefelblei und Schwefelantimon in Säuren löslich sein. Die selbsttätige Regulierung der Konzentration durch den Gaszustand des Schwefel-Wasserstoffes bedingt teilweise die Bedeutung dieses Reagens in der analytischen Chemie.

Die Löslichkeit der in Wasser unlöslichen Schwefelmetalle in Säuren beruht auf dem die Dissoziation zurückdrängenden Einflüsse, den letztere auf den Schwefelwasserstoff haben, und ist daher ihrer Stärke oder Dissoziation proportional. Ebenso nimmt sie mit der Konzentration der Säuren zu. Beide Umstände lassen sich in den einen Ausdruck zusammenfassen, dass die lösende Wirkung der Konzentration des Wasserstoffions in der Lösung proportional ist. Durch die Vermehrung der Konzentration des Wasserstoffions wird die des Schwefelwasserstoffions vermindert, und es muss zur Herstellung des Gleichgewichtes festes Sulfid in Lösung gehen.

Im Übrigen bilden die Metalle dieser Gruppe meist zweiwertige Ionen vom Typus des Magnesiums, einige auch dreiwertige vom Typus des Aluminiums. Die Neigung, komplexe Ionen zu bilden, ist ziemlich ausgesprochen; eine Anzahl anomaler Reaktionen ist die Folge davon. Insbesondere Cyan und Ammoniak beteiligen sich am Aufbau solcher Verbindungen. Auch wird bei vielen die Fällung des Hydroxyds durch die Gegenwart nichtflüchtiger organischer Säuren verhindert. Die Fällung durch Schwefelammonium wird durch sie nicht verhindert, was auf die entsprechenden Löslichkeitsverhältnisse, bzw. die Konzentration des Metallions zurückzuführen ist.

2. Eisen

Das Eisen bildet eine besonders große Anzahl verschiedener Ionen. Abgesehen davon, dass es sowohl zwei- wie dreiwertig als Kation auftreten kann, bildet es mit Vorliebe komplexe Ionen mannigfaltiger Art, von denen einige eine bemerkenswerte Beständigkeit besitzen. Durch Erhitzen mit konzentrierter Schwefelsäure kann man indessen alle Eisenverbindungen in Ferrosulfat, das Salz des zweiwertigen Eisens, verwandeln; sind Oxydationsmittel zugegen, so bildet sich Ferrisulfat, das an den charakteristischen Reaktionen des Ferriions leicht erkannt werden kann.

Das *Ferroion* Fe·· schließt sich in seinen Reaktionen am meisten dem Magnesiumion an. Es bildet ein amorphes Hydroxyd, das Übrigens äußerst leicht in das des dreiwertigen Eisens übergeht, wobei sich die Farbe durch grünschwarz in gelbbraun verwandelt. Ferner bildet es ein schwerlösliches Ammoniumphosphat, das unter denselben Bedingungen wie die Magnesiumverbindung entsteht. Vom Magnesium unterscheidet sich das Eisen hauptsächlich durch seine Fällbarkeit mit Schwefelammonium, welches einen grünschwarzen Niederschlag von hydratischem Schwefeleisen gibt, der in verdünnten Säuren, auch ziemlich schwachen, löslich ist. Er entsteht daher nicht in sauern Lösungen; auch die Neutralsalze des Eisens pflegen sauer genug zu reagieren, um die Entstehung des Niederschlages mit Schwefelwasserstoff zu verhindern. In sehr verdünnten Lösungen entsteht der Niederschlag in kolloider Form, auch geht das Sulfid beim Auswaschen bald in den gleichen Zustand über, und kann deshalb und wegen seiner leichten Oxydierbarkeit nicht zur Abscheidung des Eisens benutzt werden. Zur quantitativen Bestimmung des Eisens benutzt man das Eisenoxyd, welches man mit Ammoniak aus den Lösungen der Ferrisalze in Gestalt eines rotbraunen Niederschlages erhält; man fällt heiß, da sonst basische Salze entstehen und die Fällung unvollständig wird. Mit Ätzalkalien darf die Fällung nicht vorgenommen werden. Eisenoxyd adsorbiert diese sehr reichlich und kann durch Auswaschen nur unvollkommen von ihnen befreit werden. Hat man aus irgendwelchen Gründen mit Kali oder Natron fällen müssen, so muss man den Niederschlag wieder in Salzsäure auflösen und von neuem mit Ammoniak fällen. Infolge der sehr geringen Menge des nun vorhandenen festen Alkalis erfolgt die Adsorption dann nur in verschwindend geringem Maße.

Das *Ferroion* Fe··· schließt sich in seinen Reaktionen am meisten dem Aluminiumion an. Wie dieses ist es eine sehr schwache Base, die aus wässeriger Lösung kein Karbonat zu bilden vermag; die Salze, auch die mit starken Säuren, sind in wässeriger Lösung mehr oder weniger in freie Säure und kolloid gelöstes Eisenoxyd hydrolytisch gespalten; diese Spaltung nimmt wegen der zunehmenden elektrolytischen Dissoziation des Wassers (S. 66) mit steigender Temperatur schnell zu, und führt, wenn die Säure schwach ist, zur völligen Abscheidung des Eisens als Hydroxyd oder basisches Salz. Man kann diesen Zustand leicht durch Zusatz von Natriumazetat zur Lösung erreichen. In diesem Falle ist es besonders wichtig, heiß zu filtrieren, da beim Erkalten wegen Abnahme der Hydrolyse ein Teil des Oxyds wieder in Lösung gehen würde. Man benutzt dies Verfahren, wenn man aus irgendwelchen Gründen die Lösung nicht alkalisch machen darf.

Schwefelwasserstoff reduziert das Ferriion zu Ferroion unter Abscheidung von Schwefel, welcher als weiße Trübung erscheint, und Bildung von Wasserstoffion; Schwefelammonium reduziert gleichfalls und gibt dann eine Fällung von schwarzgrünem hydratischem Eisensulfür, in sehr verdünnter Lösung nur eine schwarzgrüne Färbung von kolloidem Sulfür.

Von den komplexen Ionen, in denen das Eisen einen Bestandteil bildet, sind die Verbindungen mit Zyan, das Ferrozyanion $Fe(CN)_6'''$ und das Ferrizyanion $Fe(CN)_6''''$ besonders wichtig. Sie gehören zu den beständigsten komplexen Ionen, die es gibt; die in ihren Lösungen vorhandene Menge von Eisenionen ist geringer als in der wässerigen Lösung auch der schwerlöslichsten Eisensalze, so dass in Zyankalium sämtliche Eisenverbindungen löslich sind. Die Lösung erfolgt allerdings nicht augenblicklich, wie oft, wenn keine reine Ionenreaktion vorliegt, doch immerhin schnell genug, um analytisch verwendbar zu sein. Auch zeigt die Lösung in Zyankalium keine einzige von den gewöhnlichen Reaktionen des Eisens, was eine notwendige Folge des erstgenannten Umstandes ist.

Hierdurch entsteht das merkwürdige Verhältnis, dass man Eisen mit Hilfe eines Reagens nachweisen kann, welches selbst Eisen enthält. Die Salze des Ferrozyanions und des Ferrizyanions bilden nämlich mit den Schwermetallen schwerlösliche, meist lebhaft gefärbte Salze; so auch mit dem Eisen. Ferrozyanion gibt mit Ferroion einen weißen, sich äußerst leicht durch Oxydation blau färbenden Niederschlag, mit Ferriion einen dunkelblauen; Ferrizyanion gibt mit Ferroion einen blauen Niederschlag, mit Ferriion dagegen nur eine dunkelbraune Färbung, die dem nichtdissoziierten Anteil des gebildeten löslichen Ferri-Ferrizyanids zukommt. Die Niederschläge sind amorph und gehen sehr leicht in den Zustand kolloider Aufschlämmung über, so dass sie sich nicht auswaschen lassen; sie eignen sich daher nur zur qualitativen, nicht zur quantitativen Bestimmung.

Die quantitative Bestimmung des Eisens lässt sich maßanalytisch sehr bequem und genau mit Hilfe von Kaliumpermanganat ausführen, wenn das Eisen als Ferrosalz vorliegt; nötigenfalls kann es durch Reduktion mit Zink, am besten in Form von (eisenfreiem) Zinkstaub, in diesen Zustand gebracht werden. Der Vorgang besteht in dem Übergange des Ferroions in das Ferriion einerseits, und in der Verwandlung des Permanganats in das Manganosalz anderseits und entspricht der Formel: $2KMnO_4 + 10$ $FeSO_4 + 8H_2SO_4 = K_2SO_4 + 2MnSO_4 + 5 Fe_2(SO_4)_3 + 8H_2O$, oder in Ionenschreibart: $MnO_4' + 5 Fe\cdot\cdot + 8 H\cdot = Mn\cdot\cdot + 5 Fe\cdot\cdot\cdot + 4 H_2O$. Ein Verbindungsgewicht Permanganat gibt also fünf Verbindungsgewichte Eisen an. Da $8H\cdot$ verbraucht werden, so muss die Lösung reichlich sauer, darf aber nicht salzsauer sein, da bei Gegenwart von Eisensalzen Permanganat auf Salzsäure oxydierend wirkt. Es handelt sich hier um eine „induzierte" Reaktion, deren Gesetze noch nicht vollständig erforscht sind[15]. Von der Salzsäure und dem Permanganat allein hängt die Reaktion nicht ab, denn man kann Oxalsäure ganz scharf und ohne eine Spur einer Chlorentwicklung mit Permanganat in salzsaurer Lösung titrieren.

3. Chrom.

Noch mannigfaltiger, als beim Eisen, zeigt sich die Bildung verschiedenartiger Ionen beim Chrom; denn außer dem zwei- und dem dreiwertigen Kation $Cr\cdot\cdot$ und $Cr\cdot\cdot\cdot$ existiert noch das zweiwertige Anion der Chromsäure CrO_4'' und das gleichfalls zweiwertige Anion der Dichromsäure Cr_2O_7''. Die beiden letztern sind durchaus als verschiedene Verbindungen zu betrachten.

Analytisch kommt das zweiwertige Chromoion nicht in Betracht, da es so leicht in das dreiwertige Chromnon übergeht, dass es überhaupt nur unter besondern Vorsichtsmaßregeln erhalten werden kann. Das dreiwertige Chromiion schließt sich in seinem Verhalten den andern dreiwertigen Ionen, dem Aluminium- und dem Ferriion an; es ist etwas schwächer als das erste und etwas stärker als das zweite. Durch Kondensation entstehen aus dem Chromoxyd mehrere Basen von der allgemeinen Zusammensetzung $nCrO_3H_3 — mH_2O$, die als Hydroxyde zusammengesetzter Chromsauerstoffionen zu betrachten sind. Dass es sich um neue Ionen und nicht um bloße basische Salze handelt, geht daraus hervor, dass die Farbe und die analytischen Eigenschaften andere geworden sind, und dass der Übergang der einen Art Salze in die andere nicht augenblicklich, sondern nur allmählich erfolgt. Für die analytische Praxis

---

[15] Vgl. Schilow, Ztschr. f. phys. Chemie 42, 641 (1903); ferner Luther und Schilow, ebenda 46, 777 (1903).

ist ferner wichtig, dass das Chromoxyd sich mit verschiedenen Säuren mehrfach zu komplexen Säuren vereinigt, die weder die Reaktionen des Chroms, noch die der betreffenden Säure mehr zeigen. Dies tritt beispielsweise sehr leicht bei der Schwefelsäure ein; das Kaliumsalz eines Chromsulfations entsteht beim Erhitzen von kristallisiertem Chromalaun, und die wässerige Lösung des Produktes reagiert weder auf Chromiion noch auf Sulfation. Durch Schmelzen mit Kalium-Natriumkarbonat lassen sich solche Verbindungen leicht zerlegen.

Frisch gefälltes Chromoxyd ist in Alkalien mit grüner Farbe löslich; der Grund ist derselbe, wie beim Aluminium. Durch Kochen wird diese Lösung gefällt; das gleiche erfolgt in der Kälte bei längerem Stehen. Es entsteht dabei ein wasserärmeres Oxyd, dessen Löslichkeitsprodukt viel kleiner ist, als das des frisch gefällten Hydroxyds. Diese ist daher übersättigt in Bezug auf die zweite Form des Oxyds, und letzteres muss sich ausscheiden. In Ammoniak löst sich Chromoxyd nur spurenweise; die komplexen Chromammoniakverbindungen, deren es eine große Zahl gibt, entstehen auf andere Weise. Zur Bildung eines Salzes, wie bei den Alkalien, ist das Ammoniak zu schwach.

Das Chromation, CrO_4'', ist gelb gefärbt und schließt sich in den Löslichkeitsverhältnissen seiner Salze dem Sulfation an. Es ist nur in neutraler oder basischer Lösung beständig; trifft es mit Wasserstoffion zusammen, so entsteht unter Wasserbildung Dichromation Cr_2O_7'', welches eine rote Farbe hat: $2CrO_4'' + 2H\cdot = Cr_2O_7'' + H_2O$. Deshalb verhält sich die Chromsäure wie eine schwache Säure, und die in Wasser schwerlöslichen Chromate werden daher leicht von Säuren gelöst. Barium- chromat ist zur Abscheidung des Chromations schlecht geeignet, weil es sich nicht gut auswaschen lässt; besser ist Merkurochromat, doch muss man es wegen seiner Löslichkeit mit einer Lösung von Merkuronitrat auswaschen. Beim Glühen hinterlässt es Chromoxyd.

Mit Zyan bildet das Chrom ähnliche komplexe Ionen wie das Eisen, doch von geringerer Beständigkeit.

4. Mangan.

Entgegen den Verhältnissen beim Chrom ist beim Mangan das zweiwertige Ion das beständigere; das dreiwertige ist so schwach, dass seine Salze in wässeriger Lösung überhaupt nicht bestehen, da sie alsbald hydrolytisch zersetzt werden. Nur einige unlösliche Manganisalze existieren als wohldefinierte Verbindungen, insbesondere das Phosphat und das Fluorid.

Manganion ist blassrosa gefärbt und verhält sich von seinen Verwandten dem Magnesiumion am ähnlichsten; insbesondere stimmt das Verhalten zum Ammoniak fast völlig mit dem des Magnesiumions überein. Nur trübt sich beim Mangan die ammoniakalische Lösung, wenn sie an der Luft steht, indem sich unlösliches Manganihydroxyd von brauner Farbe abscheidet.

Schwefelmangan ist von den Schwefelmetallen der Gruppe das löslichste und scheidet sich daher nur bei Gegenwart von überschüssigem Schwefelammonium und nach längerem Stehen hinreichend vollständig ab; auch muss es mit Schwefelammonium ausgewaschen werden, damit nichts in Lösung geht. Anderseits wird die Entstehung des Niederschlages schon durch sehr geringe Mengen Säure, auch wenn sie nicht zu den starken gehört, verhindert.

Das Mangan bildet mit Sauerstoff zwei verschiedene Ionen von der Formel MnO_4, die beide gleich zusammengesetzt sind und sich nur durch ihre verschiedene Wertigkeit unterscheiden: das eine ist ein-, das andere zweiwertig. Trotz der gleichen Zusammensetzung haben sie sehr verschiedene Eigenschaften; das einwertige Permanganation MnO_4' ist intensiv violettrot gefärbt und schließt sich in seinem Verhalten dem Ion der Überchlorsäure, dem Perchloration ClO_4', an, während das zweiwertige Manganation MnO_4" ebenso intensiv grün ist und Analogie mit dem Sulfation hat. Das zweiwertige MnO_4" ist nur in alkalisch reagierenden Flüssigkeiten beständig: in sauern geht es in das einwertige über. Da hierbei die Hälfte des äquivalenten Wasserstoffions verschwinden muss, so wird der für dessen Oxydation zu Wasser erforderliche Sauerstoff von einem andern Teile der Verbindung hergenommen, der dadurch zu Manganperoxyd reduziert wird.

Die starke Färbung der Manganate und Permanganate gewährt ein bequemes Hilfsmittel zur Erkennung von Mangansalzen aller Art. In Manganate führt man sie durch Schmelzen mit Kalium-Natriumkarbonat über; eine grüne Färbung der Schmelze zeigt die Gegenwart von Mangan an. Übermangansaure bildet sich, wenn man Manganverbindnngen mit Salpetersäure und Bleiperoxyd erhitzt, wobei sich die Flüssigkeit rot färbt. Chlorverbindungen stören diese Reaktion, müssen daher vorher abgeschieden werden.

Kaliumpermanganat dient wegen seiner geschwinden Oxydationswirkung zur maßanalytischen Bestimmung oxydierbarer Stoffe, wie Eisen, Oxalsäure usw. Eisen oxydiert sich fast augenblicklich, Oxalsäure braucht dagegen eine leicht zu beobachtende Zeit, bis die Wirkung abgelaufen ist; gegen Ende der Titration nimmt die Geschwindigkeit der Reaktion sehr deutlich zu. Dies rührt von der Anhäufung des durch die Reduktion gebildeten Mangansalzes her, durch welches die Oxydation katalytisch beschleunigt wird; setzt man von vornherein Mangansulfat hinzu, so nimmt der Vorgang alsbald einen geschwinderen Lauf. Auch überschüssige freie Säure beschleunigt den Prozess nach Maßgabe der Konzentration des Wasserstoffions.

Infolge der starken Färbung des Permanganations bedarf es keines besondern Indikators, wenn man damit titriert; es ist dies einer der wenigen Fälle der Titration ohne Indikator.

Noch empfindlicher, als mit freiem Auge, kann man das Permanganation durch das Spektroskop erkennen. Sein Spektrum, das den Lösungen aller Salze der Säure in vollkommen gleicher Weise zukommt, weil in allen das gleiche farbige Ion enthalten ist, enthält fünf dunkle Streifen im Gelb und Grün, und zeigt sich noch in einer Verdünnung deutlich, bei welcher das Auge versagt.

5. Kobalt und Nickel.

Bei Kobalt und Nickel ist die Fähigkeit, dreiwertige Kationen zu bilden, schon völlig geschwunden. Sie vermögen allerdings noch höhere Oxyde zu geben; doch sind diese nicht mehr basischer Natur, sondern vom Charakter der Peroxyde, die in verdünnten Säuren unlöslich sind und mit Salzsäure Chlor entwickeln.

Wir haben es bei diesen Metallen daher nur mit den zweiwertigen Ionen, und daneben mit einigen komplexen Verbindungen von besondern Reaktionseigenschaften zu tun. Das Kobaltion Co·· ist rot, das Nickelion Ni" smaragdgrün gefärbt. Die nichtdissoziierten Kobaltsalze sind meist dunkelblau gefärbt; in konzentrierten Lösungen geht daher durch alle Ursachen, welche die Dissoziation herabdrücken, die rote Farbe in die blaue über. Hierzu gehört einerseits Erwärmen, anderseits der Zusatz stärker dissoziierter Salze mit gleichem Anion. Am deutlichsten ist die Wirkung beim Zusatz von konzentrierter Salzsäure zu Kobaltchlorid. Indessen spielt die Bildung von Hydraten und Doppelverbindungen bei diesen Farbänderungen gleichfalls eine bedeutende Rolle, indem die niederen Hydrate blau gefärbt sind. Gleichzeitig bilden sich hierbei komplexe Ionen.

Eine sehr auffallende Eigentümlichkeit des Kobalts und Nickels besteht darin, dass die Sulfide zwar aus saurer Lösung durch Schwefelwasserstoff nicht gefällt werden, dass aber die einmal gefällten Sulfide in verdünnten Säuren nicht mehr löslich sind. Wie diese Anomalie zu deuten ist, lässt sich zurzeit noch nicht sicher sagen. Vermuten lässt sich einerseits, dass die Sulfide alsbald nach ihrer Fällung eine Umwandlung in eine weniger lösliche Form erleiden, anderseits, dass die Sulfide nur in der schwerlöslichen Form existieren, dass aber in den sauern Lösungen Übersättigungserscheinungen (vielleicht kolloide) in Bezug auf das sich bildende Schwefelmetall vorliegen. Die letztere Vermutung ist weniger wahrscheinlich, da die Sulfide aus essigsaurer Lösung ohne Schwierigkeiten ausfällen.

Die Fähigkeit, komplexe Ionen zu bilden, ist bei den Kobaltsalzen stärker ausgebildet, als bei denen des Nickels. Auf diesem Unterschiede beruhen die Methoden, die beiden sonst sehr ähnlichen Metalle zu trennen. Die bequemste dieser Methoden besteht in der Behandlung der gemengten Lösungen mit Kaliumnitrit in essigsaurer Lösung. Es bildet sich dann Kaliumkobaltnitrit, das Kaliumsalz eines Nitrokobaltions $Co(NO_2)_6'''$ das in überschüssigem Kaliumsalz genügend schwerlöslich ist. Die Bildung des Salzes geht nur langsam vor sich; man muss die Flüssigkeit mehrere Stunden stehen lassen, um eine hinreichend vollständige Abscheidung zu erreichen. Es ist dies ein Beweis, dass es sich nicht um eine gewöhnliche Ionenreaktion, sondern um die Bildung eines komplexen Salzes handelt. Nickel bildet unter gleichen Umständen keine derartige unlösliche Verbindung.

Eine andere Methode der Unterscheidung beruht auf dem verschiedenen Verhalten der komplexen Zyanverbindungen. Die des Kobalts ist äußerst beständig und wird durch Säuren auch beim Kochen nicht zersetzt, während die entsprechende Nickelverbindung unter diesen Umständen schwerlösliches Nickelzyanür abscheidet.

Der gleiche Unterschied in der Beständigkeit der komplexen Ionen zeigt sich bei den Ammoniakverbindungen. Beide Metalle werden aus ihren Lösungen durch Ammoniak erst als Hydroxyde gefällt, und dann durch einen Überschuss des Reagens gelöst. Während aber die Nickelammoniakverbindungen so zersetzlich sind, dass sie im festen Zustande schon an der Luft Ammoniak verlieren, so bildet das Kobalt unter Oxydation derart beständige Komplexe, dass sie auch beim Erwärmen mit Alkali nicht zersetzt werden. Auch entsprechen die Verbindungen ganz verschiedenen Typen.

6. Zink.

Das Zink bildet nur ein zweiwertiges Kation; höhere Oxydationsstufen sind bei ihm nicht bekannt. Ferner vermag das Zinkhydroxyd Wasserstoff als Ion abzuspalten, wobei es das sehr schwache negative Zinkation $ZnHO_2'$, bzw. ZnO_2'' bildet, und schließlich tritt es als Bestandteil komplexer Ionen mit Zyan, Ammoniak usw. auf.

127

Dementsprechend löst sich das in Wasser unlösliche Zinkoxyd sowohl in Alkalien wie im Ammoniak auf; der Grund der Löslichkeit ist aber in beiden Fällen verschieden: im ersten Falle beruht sie auf der Bildung der negativen Ionen $ZnHO_2'$ und ZnO_2'', im zweiten auf der positiver komplexer Zink-Ammoniakionen. Letztere sind ziemlich beständig, daher wird das Hydroxyd nicht hydrolytisch gespalten, und Zinkoxyd ist in Ammoniak auch ohne die Gegenwart überschüssigen Ammoniaksalzes löslich[16].

Schwefelzink ist weniger löslich, als die andern Sulfide dieser Gruppe. Auch aus neutralen Salzen der starken Säuren fällt beim Einleiten von Schwefelwasserstoff der größte Teil des Zinks aus, und von der Natur der Säure des Zinksalzes hängt es ab, wie viel noch in Lösung bleibt. Denn das Gleichgewicht der Lösung mit dem festen Schwefelzink ist durch das Produkt der Konzentrationen des Zink- und des Schwefelions bestimmt; letztere steht wieder, da Schwefelwasserstoff eine sehr schwache Säure ist, im umgekehrten Verhältnis zu der Konzentration des freien Wasserstoffions aus der entstandenen Säure. Die Konzentration der Gesamtmenge des Schwefelwasserstoffes kann aus den früher (S. 119) angegebenen Gründen als konstant angesehen werden. Je schwächer also die Säure dissoziiert, und je konzentrierter die Lösung des Zinksalzes ist, umso weniger Zink entgeht der Fällung. Da ferner die Dissoziation der schwachen Säuren durch die Gegenwart ihrer Neutralsalze beliebig herabgedrückt werden kann, so erweist sich die alte Praxis, die Fällung des Zinks bei Gegenwart eines Überschusses von Natriumazetat zu bewerkstelligen, als völlig zweckentsprechend.

Um die Fällung der Zinksalze durch Schwefelwasserstoff ganz zu verhindern, braucht man nur eine genügende Menge einer starken Säure zuzufügen. Das Wasserstoffion derselben drückt die Dissoziation des Schwefelwasserstoffes dann so weit herab, dass trotz des reichlich vorhandenen Zinkions der Wert des Löslichkeitsproduktes nicht erreicht wird. Der Säurezusatz muss, wie hieraus hervorgeht, der Menge des Zinksalzes (bzw. der Quadratwurzel daraus) annähernd proportional sein.

---

[16] Diese Auffassung ist nicht ganz sicher, vgl. die Darlegungen über Magnesium S. 113.

Zehntes Kapitel. Metalle der Kupfergruppe.

Von den Metallen der Eisengruppe unterscheiden sich die nun zu besprechenden Metalle durch die Unlöslichkeit ihrer Sulfide in verdünnten starken Säuren. Nach dem früher Gesagten ist dieser Unterschied nur einer des Grades; auch lassen sich die zu erwartenden Zwischenstufen am Kadmium und Blei nachweisen. Im Übrigen sind die Metalle dieser Gruppe voneinander ziemlich verschieden, und allgemeines lässt sich kaum über sie sagen.

Von den hier zu besprechenden Metallen gehören einige zu den sogenannten edeln, und auch die andern wird man geneigt sein, den Metallen der Eisengruppe gegenüber als edler zu bezeichnen. Durch dies etwas unbestimmte Wort wird eine ganz bestimmte Eigenschaft der Metalle angedeutet, die man ihre Ionisierungstendenz nennen kann; als Maß derselben dient die auf ein Mol berechnete Arbeit, welche beim Übergange des Metalls in den Ionenzustand gewonnen werden kann. Je größer diese ist, umso leichter und schneller wird das Metall sich ionisieren, und umgekehrt. Beim Kalium hat diese Tendenz einen sehr großen Wert; beim Aluminium, Zink, Zinn, Kadmium ist sie geringer, beim Blei fast Null, und bei den Metallen Kupfer, Antimon, Wismut, Silber, Gold usw. ist sie negativ, d. h. bei diesen Metallen kann umgekehrt Arbeit gewonnen werden, wenn die Ionen sich in Metall verwandeln. Doch ist zu bemerken, dass diese Darlegungen nur für messbare Konzentration der Ionen gelten; ist diese sehr klein (unterhalb der Grenze des analytischen Nachweises), so verschieben sich alle Metalle nach der Seite der weniger edeln. Die Grenze der „edeln" Metalle wird Übrigens nicht durch diesen Umstand bestimmt, sondern dadurch, ob sich das Metall durch gasförmigen Sauerstoff oxydieren lässt, oder nicht.

Wie man sieht, sind die Metalle mit positiver Ionisierungstendenz die, welche sich unter Wasserstoffentwicklung in Säuren auflösen; dies rührt daher, dass die Ionisierungstendenz des Wasserstoffs nahezu Null ist. Im Übrigen fällt die Reihe der Ionisierungstendenz mit der elektrischen Spannungsreihe der Metalle zusammen und ist ein Ausdruck der gleichen Eigenschaft.

Einige Metalle zeigen in bestimmten Lösungen Abweichungen von der gewöhnlichen Spannungsreihe. Dies findet in allen den Fällen statt, wo die fraglichen Metalle sich in der Flüssigkeit zu komplexen Verbindungen lösen, und die Verschiebung erfolgt stets in dem Sinne, dass das Metall sich wie ein weniger edles verhält. Die Ursache liegt darin, dass die obenerwähnte Arbeitsgröße von der Konzentration des Ions in der Flüssigkeit abhängt, und zwar im umgekehrten Sinne: sie wird größer, je kleiner die Konzentration des Ions wird. Ist also in der Flüssigkeit ein

Reagens vorhanden, welches dies entstehende Ion in dem Maße, wie es sich bildet, wieder wegfängt, so bleibt dauernd eine vergrößerte Ionisierungstendenz bestehen, und das Metall verhält sich wie ein weniger edles. Der umgekehrte Fall kann nicht eintreten, denn die Konzentration der Ionen lässt sich zwar in jedem beliebigen Maße vermindern, ihrer Vermehrung ist aber wegen der begrenzten Löslichkeit der Metallsalze sehr bald eine unüberschreitbare Grenze gesetzt, und deshalb kommt eine Verschiebung der Stellung des Metalls nach der Seite der edleren nicht vor.

Die auffallendsten Erscheinungen dieser Art bietet das Zyankalium dar. Dass sie auf der besondern Fähigkeit des Zyans zur Bildung komplexer Verbindungen mit den Metallen beruhen, braucht nach dem Gesagten kaum hervorgehoben zu werden.

1. Kadmium.

Kadmium ist in seinen Reaktionen dem Zink sehr ähnlich, nur ist sein Sulfid weniger löslich, als das des Zinks, und fällt daher aus sauern Lösungen vollständiger aus als dieses. Anderseits bedarf es schon einer ziemlich bedeutenden Konzentration des Wasserstoffions, um die Fällung zu verhindern, bzw. gefälltes Kadmiumsulfid wieder aufzulösen. Im Übrigen bestehen dafür genau dieselben Gesetze, wie beim Zink.

In einer andern Beziehung macht sich beim Kadmium eine Erscheinung geltend, die, beim Zink schwach angedeutet, beim Kadmium deutlicher wird, um beim Quecksilber die Reaktionen entscheidend zu beeinflussen: die geringe Dissoziation der Halogenverbindungen. Während bei den bisher erörterten Metallen zwischen Sauerstoffsalzen und Halogensalzen in dieser Beziehung kein Unterschied merklich war, tritt er hier auf, und man muss auf die neuen Verhältnisse achthaben, wenn man das analytische Verhalten richtig beurteilen will.

Die Wirkung, welche eine geringe Dissoziation eines löslichen Salzes ausübt, besteht darin, dass aus demselben die Niederschläge schwerlöslicher Verbindungen unvollkommener und schwieriger entstehen, und dass diese Niederschläge umgekehrt in solchen Reagenzien, durch welche dies schwach dissoziierte Salz entsteht, z. B. in den zugehörigen Säuren, viel löslicher sind, als unter gewöhnlichen Umständen. Beim Kadmium ist dieser Unterschied noch nicht sehr deutlich; das Chlorid verhält sich fast genau, wie die andern Salze, und nur das Jodid, dessen Dissoziation die geringste ist, lässt Abweichungen erkennen. Jodwasserstoffsäure löst Schwefelkadmium viel reichlicher auf, als Salz- oder Salpetersäure von gleicher Konzentration, und aus Lösungen von Jodkadmium lässt sich durch Schwefelwasserstoff Schwefelkadmium nur langsam und unvollständig ausfällen, wie schon vor längerer Zeit Hittorf angegeben hat.

Die Neigung des Kadmiums, komplexe Ionen zu bilden, ist nicht groß. Das Hydroxyd ist allerdings in Ammoniak löslich, die schwerer löslichen Salze, wie z. B. das Karbonat, sind es aber nicht mehr in beträchtlichem Maße. Auch die komplexe Zyanverbindung, deren Kaliumsalz nach der Formel $K_2 Cd (CN)_4$ zusammengesetzt ist, ist weniger beständig, als viele ähnliche Verbindungen, d. h. das Ion $Cd(CN)_4''$ ist zu einem merklichen Maße in $Cd^{..}$ und $4 CN'$ gespalten. Denn es wird trotz der verhältnismäßig großen Löslichkeit des Kadmiumsulfids von Schwefelwasserstoff unter Abscheidung des Sulfids zersetzt; in seiner Lösung ist daher Kadmiumion in erheblich größerer Konzentration vorhanden, als in der wässerigen Lösung des Kadmiumsulfids allein.

2. Kupfer.

Kupfer kann ein- und zweiwertige Ionen, Kupro- und Kupriion, bilden. Das einwertige $Cu^.$ ähnelt dem des Silbers und dem einwertigen Quecksilberion, das zweiwertige $Cu^{..}$ schließt sich den Kationen der Magnesiumgruppe an. Umwandlungen zwischen beiden Ionen finden mehrfach und leicht statt.

Von den Salzen des einwertigen Kupfers, den Kuprosalzen, kennt man nur die Halogenverbindungen, welche mit zunehmendem Verbindungsgewicht des Halogens schwerer löslich werden. Das Jodür ist schwerlöslich genug, um zur analytischen Abscheidung des Kupfers brauchbar zu sein. Setzt man zu einem Kuprisalz Jodkalium, so reagieren Kupriion und Jodion derart aufeinander, dass sich Kuprojodür und freies Jod bilden: $Cu^{..} + 2 J' = Cu J + J$. Die Reaktion ist unvollständig, indem gleichzeitig der entgegen gesetzte Vorgang stattfinden kann; soll sie vollständig werden, so muss eines der Reaktionsprodukte entfernt werden. Man setzt deshalb schweflige Säure hinzu, welche das Jod in Jodion verwandelt; hierdurch wird gleichzeitig die Konzentration einer der Komponenten auf der linken Seite der Reaktionsgleichung erhöht, und die Abscheidung des schwerlöslichen Salzes vollständiger gemacht.

Der gleichen Reaktion kann man sich zur Abscheidung des Jods aus einem Gemenge der Halogenverbindungen bedienen, indem man dieses mit überschüssigem Kupfervitriol destilliert. Hier wird die Vollständigkeit der Reaktion durch die mechanische Entfernung eines der beiden Reaktionsprodukte, des freien Jods, erzielt.

Ähnliche Vorgänge entstehen beim Zusammentreffen von Kupriion mit Zyan- und Rhodanion. Im ersten Falle wird wie beim Jod die Hälfte des Zyans frei und es entweicht gasförmig. Im zweiten entstehen mannigfaltige Zersetzungsprodukte, wenn man nicht durch den Zusatz von Reduktionsmitteln dafür sorgt, dass das Rhodan wieder in den Ionenzustand übergeführt wird. Alsdann ist die Reaktion analytisch brauchbar und wird vielfach angewendet.

Der umgekehrte Vorgang, die Umwandlung von Kupro- in Kupriion tritt ein, wenn Kupferoxydul mit starken Sauerstoffsäuren Übergossen wird. Dann erfolgt die Reaktion $2Cu\cdot = Cu\cdot\cdot + Cu$, d.h. es bildet sich aus zwei Verbindungsgewichten einwertigen Kuproions ein Verbindungsgewicht zweiwertigen Kupriions und metallisches, nicht ionisiertes Kupfer. In sehr geringer Menge kann indessen Kuproion neben Kupriion und metallischem Kupfer bestehen.

Mit dem Schwefel bildet das Kupfer gleichfalls zwei Verbindungen, die den beiden Oxydationsstufen entsprechen, doch wird in wässeriger Lösung die zweite nicht rein erhalten, sondern der Niederschlag besteht zum Teil aus Kupfersulfür und freiem Schwefel. Man muss ihn daher, wenn man ihn zu quantitativen Bestimmungen benutzen will, durch Glühen im Wasserstoffstrom in Kupfersulfür überführen.

Schwefelkupfer ist zwar bedeutend weniger löslich als Schwefelkadmium, doch kann man immerhin noch durch mittelstarke Salzsäure die Fällung verhindern. Die Fällung lässt sich in solchen Fällen schon durch bloße Verdünnung erreichen, indem dadurch die Konzentration der Salzsäure abnimmt, während die des Schwefelwasserstoffes dieselbe bleibt, wenn man weiter das Gas bis zur Sättigung einleitet.

Beide Kupferionen, das ein- und das zweiwertige, bilden mit Ammoniak komplexe Ionen; die letztern sind blau, die erstem farblos, doch gehen sie äußerst leicht durch Oxydation in die andern über. Die Verbindungen sind so beständig, dass die meisten schwerlöslichen Kupfersalze sich in Ammoniak lösen; die Schwefelverbindung macht eine Ausnahme. Ebenso leicht tritt das Kupfer in das Hydroxyl organischer und anorganischer Oxydverbindungen ein, und wird durch die gewöhnlichen Fällungsreagenzien außer Schwefelwasserstoff unfällbar.

Besonders wenig in Bezug auf Kupferionen dissoziiert ist unter den komplexen Verbindungen das Zyankuproion, $Cu\,(CN)'_2$. Demgemäß sind alle Kupfersalze in überschüssigem Zyankalium löslich, darunter auch das Sulfür. Das letztere Verhalten unterscheidet das Kupfer von allen andern Metallen dieser Gruppe.

3. Silber.

Silber bildet nur ein einwertiges elementares Kation, ist aber sehr geneigt, komplexe Ionen zu bilden. Analytisch ist es durch die Schwerlöslichkeit seiner Halogenverbindungen gekennzeichnet, welche mit dem Verbindungsgewicht der Halogene zunimmt.

Fällt man ein Gemenge verschiedener löslicher Halogenverbindungen mit Silbernitrat, so enthält der Niederschlag hauptsächlich das Halogen von höherem Verbindungsgewicht. Doch erfolgt auf diese Weise keine vollständige Abscheidung des letztern, sondern in der Flüssigkeit bleiben die Halogenionen etwa im Verhältnis der Löslichkeitsprodukte ihrer Silberverbindungen nach. Ist daher in einer Lösung, wie z. B. im Meerwasser, eine kleine Menge Brom neben sehr viel Chlor enthalten, so ist die Abscheidung des erstem durch Fällung mit Silbernitrat äußerst unvollständig. Man muss in solchen Fällen durch passende Mittel, z. B. durch Ausziehen der zur Trockne gebrachten Salze mit Alkohol, das Verhältnis des Broms zum Chlor in der zu fällenden Flüssigkeit nach Möglichkeit steigern. Die Verhältnisse werden weiter dadurch verwickelt, dass die Halogensilberverbindungen isomorphe Gemenge bilden.

Mit Ammoniak vereinigt sich das Silber zu komplexen Kationen, hauptsächlich $Ag(NH_3)_2\cdot$. Die Verbindung gehört zu den beständigeren ihrer Art; in ihrer Lösung hat das Silberion eine geringere Konzentration, als in der wässerigen Lösung des Chlorsilbers, was aus der Löslichkeit des letztern in Ammoniak hervorgeht. Beim Bromsilber ist die Löslichkeit annähernd eine solche, dass die Konzentration der Ionen die gleiche ist, Jodsilber ist erheblich weniger löslich und wird daher von Ammoniak kaum merklich aufgenommen.

Noch etwas beständiger als die Ammoniakverbindung ist das komplexe Ion, welches Silber mit dem Anion der Thiosulfate bildet, indem es an die Stelle des an Schwefel gebundenen Metalls tritt. Daher lösen sich in thioschwefelsauerm Natrium nicht nur alle Silberverbindungen, die in Ammoniak löslich sind, sondern auch einige, die es nicht oder vielmehr nur in geringer Menge sind, wie z. B. Bromsilber.

Die beständigste von den komplexen Silberverbindungen ist das Zyansilberion, dessen Zusammensetzung $Ag(CN)_2'$ ist. Seine Bildung erfolgt so leicht und schnell, dass man die Reaktion zum Titrieren des Zyanions benutzen kann. Man macht die Flüssigkeit alkalisch und setzt Silbernitrat dazu; solange Zyanion im Überschusse vorhanden ist, bleibt die Lösung klar; ist das Verhältnis Ag : 2 CN überschritten, so tritt ein Fällung von Zyansilber ein.

Zyankalium löst alle Silbersalze mit Ausnahme des Schwefelsilbers[17] auf; letzteres ist nächst dem Schwefelquecksilber das schwerstlösliche Sulfid dieser Gruppe. Schon bei den oben dargelegten Verhältnissen der Thiosulfate zum Silber hat sich die große Verwandtschaft des Schwefels zum Silber geltend gemacht. Aus dem gleichen Grunde zersetzt metallisches Silber Schwefelwasserstoff unter Wasserstoffentwicklung, wie Zink Salzsäure zersetzt; der Charakter der „edeln" Metalle ist hier ganz verschwunden. Auch in Zyankalium muss sich Silber unter Wasserstoffentwicklung lösen; der Versuch zeigt wirklich eine merkliche Löslichkeit.

Silbersalze werden allgemein als Reagens auf Halogene benutzt, doch reagieren sie, wie schon erwähnt, nur, wenn diese als Ionen zugegen sind. Die langsame Fällung, welche organische Halogenverbindungen, die man nicht als Salze im gewöhnlichen Sinne betrachten kann, mit Silber geben, scheint ein Anhalt dafür, dass auch solche Stoffe spurenhaft dissoziiert sein können.

4. Quecksilber.

Quecksilber bildet ein- und zweiwertige Ionen; die ersten sind dem Silber, die andern dem Kadmium ähnlich. Auch mit dem Kupfer zeigen sich manche übereinstimmende Verhältnisse. Besonders charakteristisch für das Quecksilber ist seine Neigung, wenig dissoziierte Verbindungen zu bilden, was zu einer großen Anzahl „anomaler" Reaktionen Anlaß gibt.

Das einwertige oder Merkuroion[18] bildet wie das Silber schwerlösliche Halogenverbindungen, deren Löslichkeitsreihe mit der beim Silber übereinstimmt. Von den entsprechenden Silberverbindungen unterscheiden sie sich durch die Bildung unlöslicher schwarz gefärbter Ammoniakverbindungen; während Chlorsilber sich in wässerigem Ammoniak auflöst, färbt sich Quecksilberchlorür damit nur schwarz. Mit dem Kupfer bestehen einige Ähnlichkeiten bezüglich der wechselseitigen Umwandlung der ein- und zweiwertigen Ionen, doch auch auffallende Gegensätze. So geht zwar das Oxydul sehr leicht in das Oxyd über, von den Halogenverbindungen sind aber im Gegensatz zum Kupfer beim Quecksilber die zweiwertigen weit beständiger als die einwertigen. Merkurosulfid existiert nicht, denn im Augenblicke seiner Bildung zerfällt es in Merkurisulfid und metallisches Quecksilber. Merkurisulfid ist dagegen eine äußerst beständige Verbindung; es ist vermöge seiner Schwerlöslichkeit das einzige

---

[17] In sehr konzentrierten Lösungen von Zyankalium ist auch Schwefelsilber löslich.
[18] Der größere Teil des Merkuroions $Hg\cdot$ geht in mäßig konzentrierter Lösung in das Doppelion $Hg_2\cdot\cdot$ über. [Vgl. Ogg, Ztschr. f. phys. Ch. 21, 285 (1898)]. Für analytische Betrachtungen ist die einfache Formel $Hg\cdot$ bequemer.

Schwefelmetall, welches sich nicht in Salpetersäure löst. Einigen Anschluss an die Schwefelmetalle der nächsten Gruppe zeigt es insofern, als es von Schwefelkalium, allerdings nur in konzentrierter Lösung und bei Gegenwart von Ätzkali, unter Bildung eines schwefelhaltigen Anions, vielleicht HgS_2'', aufgelöst wird; beim Verdünnen fällt es durch Hydrolyse wieder aus. Schwefelammonium löst es nicht.

Das zweiwertige Merkuriion zeigt sich in den Sauerstoffsalzen (das Nitrat ist normal dissoziiert) als ein sehr schwach basisches Ion; seine Salze sind in wässeriger Lösung zum großen Teil hydrolytisch gespalten, denn man kann nur durch einen Überschuss freier Säure eine klare Lösung erhalten. Die Halogenverbindungen sind dagegen beim Auflösen ganz beständig, gleichzeitig sind ihre Reaktionen in vielen Stücken von denen der Sauerstoffsalze abweichend. Bei der Untersuchung der elektrischen Leitfähigkeit zeigt sich, dass die Halogenverbindungen des zweiwertigen Quecksilbers äußerst wenig dissoziiert sind, so dass ihre Lösungen Merkuriion nur in sehr geringer Konzentration enthalten. Da, wie wir früher gesehen haben, Verbindungen von geringer Dissoziation sich immer bilden, wenn ihre Ionen zusammenkommen, so nehmen auch die Sauerstoffsalze des Quecksilbers die Reaktionen der Halogenverbindungen an, wenn sie mit löslichen Halogensalzen irgendwie zusammentreffen. Auch tritt in diesem Fall eine erhebliche Wärmeentwicklung ein, während sonst für die Wechselwirkung neutraler Salze das Gesetz der Thermoneutralität gilt, nämlich die Wärmewirkung Null ist.

Quecksilberoxyd ist den meisten Säuren gegenüber eine sehr schwache Base; bringt man es aber mit den Halogenverbindungen der Alkali- und Erdkalimetalle zusammen, so nimmt die Flüssigkeit sofort eine stark alkalische Reaktion an. Die Wirkung ist bei den Chloriden am schwächsten, bei den Jodiden am stärksten; Jodkalium wird zu 90 Prozent von Quecksilberoxyd umgesetzt. Der Vorgang beruht einerseits auf der geringen Dissoziation der entsprechenden Quecksilberverbindungen, anderseits auf der Vereinigung der letztern mit überschüssigem Halogenion zu sehr beständigen Quecksilberhalogenanionen, deren Alkalisalze unter diesen Bedingungen entstehen. Die Beständigkeit dieser komplexen Verbindungen nimmt gleichfalls mit steigendem Verbindungsgewicht des Halogens zu.

Auf derselben Ursache beruht die umgekehrte Erscheinung, dass die Halogenverbindungen des Quecksilbers durch Alkalien nur schwer zersetzt werden. Quecksilberchlorid braucht dazu einen bedeutenden Überschuss, und Quecksilberjodid wird durch Alkali überhaupt nicht angegriffen. Es kann mit andern Worten wegen der geringen Konzentration des Merkuriions das Löslichkeitsprodukt des Quecksilberoxyds auch bei reichlichem Zusatz von Hydroxylion in Gestalt von Alkalihydroxyd nicht leicht, bzw. gar nicht erreicht werden. Quecksilberjodid kann indessen durch Schwefelwasserstoff oder Schwefelalkalien zerlegt werden.

Die gleichen Umstände erklären schließlich auch die Reaktionen, die dem von Liebig angegebenen Verfahren zur maßanalytischen Bestimmung des Chlorions zugrunde liegen. Eine Lösung von Merkurinitrat in etwas überschüssiger Salpetersäure gibt mit Harnstoff einen Niederschlag, mit Quecksilberchlorid und Harnstoff entsteht keiner. Die Ursache ist, dass in ersterer Lösung mehr Merkuriion enthalten ist, als dem Löslichkeitsprodukt der schwerlöslichen Harnstoffverbindung entspricht; in der Quecksilberchloridlösung dagegen ist Merkuriion nur in sehr geringer Menge vorhanden, und der kritische Wert nicht erreicht. Ist demnach in einer Lösung ein Chlorid neben Harnstoff enthalten und wird Merkurinitrat zugefügt, so tritt so lange keine Fällung ein, als dieses noch Chlor vorfindet, um Chlorid zu bilden; der erste Überschuss des Nitrats darüber erzeugt Fällung.

Die große Verwandtschaft des Quecksilbers zum Schwefel bewirkt, dass Quecksilberoxyd auf Natriumthiosulfat und Natriumsulfid ähnlich reagiert, wie auf Jodkalium: es entsteht eine stark alkalische Flüssigkeit. Eine gleiche Wirkung tritt mit Zyankalium, Rhodankalium, Kaliumnitrit ein; in allen Fällen bilden sich komplexe Verbindungen, in denen Quecksilberion nur in äußerst geringer Konzentration vorhanden ist. Auch in organischen Verbindungen, die Wasserstoff an Schwefel oder Stickstoff gebunden enthalten, vertritt Quecksilber diesen mit besonderer Leichtigkeit; aus solchen Lösungen fällt Alkali gleichfalls kein Quecksilberoxyd, oder fällt es nur unvollkommen.

Auf gleichen Ursachen beruht die Wirkung des Jodkaliums auf Merkurosalze, wobei sich die Hälfte des Quecksilbers in metallischem Zustand ausscheidet. Die Reaktion ist ähnlich, wie die Wirkung der Säuren auf Kuprosalze; zwei Verbindungsgewichte Merkuroion geben ein Verbindungsgewicht metallisches Quecksilber und eines Merkuriion, welch letzteres alsbald in Kaliumquecksilberjodid übergeht.

Beim Fällen der Merkurisalze mit Schwefelwasserstoff entsteht zuerst ein weißer Niederschlag, der allmählich rot, braun und endlich schwarz wird. Der weiße Stoff ist eine Verbindung von Schwefelquecksilber mit dem vorhandenen Quecksilbersalz, die allmählich durch den überschüssigen Schwefelwasserstoff zersetzt wird. An der Luft oxydiert sich Schwefelquecksilber nicht, wie es sonst fast alle Schwefelmetalle tun, weil es, wie aus dem Mitgeteilten hervorgeht, viel beständiger ist, als das Oxyd oder das Sulfat.

Ein weiterer Fall, wo das Quecksilber eine komplexe Verbindung beständigster Art bildet, liegt beim Zyan vor.

Quecksilberzyanid besitzt überhaupt kein messbares elektrisches Leitvermögen mehr; es wird weder durch Ätzkali, noch durch ein anderes Reagens mit Ausnahme von Schwefelwasserstoff, bzw. Schwefelalkali gefällt. Mit Zyankalium gibt es das sehr beständige Kaliumsalz des Quecksilberzyanions $Hg(CN)_4''$. Es kann als Typus einer durch das Fehlen der elektrolytischen Dissoziation reaktionsunfähig gemachten Verbindung angesehen werden und ist auch trotz der großen Giftigkeit seiner Bestandteile (wenn diese als Ionen vorkommen) ohne erhebliche Giftwirkung[19].

5. Blei.

Im Gegensatz zum Quecksilber hat das Blei nicht viel Neigung, komplexe Verbindungen zu bilden; seine Reaktionen sind daher fast alle normal.

Das Blei bildet nur eine Art Kationen, nämlich zweiwertige; sein höheres Oxyd ist der elektrolytischen Dissoziation nicht in analytisch nachweisbarem Maße fähig. Außerdem kann das Bleihydroxyd ähnlich wie das Zinkhydroxyd noch Wasserstoffion unter Bildung eines sauerstoffhaltigen Anions abspalten, wie aus seiner Löslichkeit in Alkalien hervorgeht. Die bei den andern Schwermetallen so allgemein vorhandene Fähigkeit, mit Ammoniak und Zyan komplexe beständige Verbindungen zu bilden, besitzt das Blei nicht; fast die einzige anomale Reaktion, die in Betracht kommt, ist die Vertretung des Hydroxylwasserstoffes in organischen Oxyverbindungen. Hierbei entstehen in alkalischen Flüssigkeiten lösliche Salze komplexer bleihaltiger Säuren; in basisch weinsauerm Ammon z. B. lösen sich die schwerlöslichen Bleisalze auf. Ein gleiches Lösevermögen für solche besitzt Natriumthiosulfat, welches mit Bleisalzen in das Salz einer Bleithioschwefelsäure übergeht; doch zersetzt sich diese Verbindung bald unter Abscheidung von Schwelelblei, und wird analytisch nicht verwertet.

Zur analytischen Abscheidung des Bleies dient das Sulfat. Es hat ungefähr die Löslichkeit des Strontiumsulfats; man muss daher zur Fällung einen genügenden Überschuss von Schwefelsäure anwenden, und verdrängt diese beim Auswaschen durch Alkohol. Vom Baryumsulfat, dem es ähnlich sieht, unterscheidet man es durch seine Löslichkeit in weinsauerm Ammon. Auch als Chromat kann Blei gefällt werden.

---

[19] Paul und Krönig, Zeitschr. f.physik.Chemie 21, 414(1896).

Bleisulfid gehört zu den weniger schwer löslichen Sulfiden; seine Fällung wird schon durch mäßig konzentrierte Salzsäure verhindert. Man tut daher gut, in verdünnter Lösung zu fällen.

Die Halogenverbindungen des Bleies sind nicht schwerlöslich genug, um analytisch gut verwertbar zu sein. Das Jodid bildet in konzentrierter Lösung mit Jodkalium ein lösliches komplexes Salz; durch viel Wasser wird dieses in seine Bestandteile zerlegt. Daher nimmt in Jodkaliumlösungen von steigender Konzentration die Löslichkeit des Jodbleies erst wegen der Vermehrung der Konzentration des Jodions ab, und sodann wegen der Bildung des komplexen Salzes zu.

6. Wismut.

Dem Typus seiner Verbindungen nach ist das Wismut zu Arsen und Antimon zu stellen, welche der nächsten Gruppe der Metalle angehören. Der allgemeinen Regel gemäß, dass mit wachsendem Verbindungsgewicht die sauern Eigenschaften abnehmen, hat das Wismut diese bereits in solchem Grad eingebüßt, dass sein Sulfid nicht mehr imstande ist, mit den Alkalisulfiden lösliche Thiosalze zu bilden, außer in sehr konzentrierter Lösung.

Daher muss es analytisch zur Kupfergruppe gerechnet werden.

Das Wismut bildet ein dreiwertiges Kation von sehr schwach basischem Charakter. Seine Salze werden alle durch Wasser sehr stark hydrolytisch gespalten und geben dabei Niederschläge schwerlöslicher basischer Salze. Diese Reaktion ist für Wismut charakteristisch. In vielen Fällen lassen sich die entstehenden Verbindungen als Salze des einwertigen Ions $BiO^{.}$ auffassen, welches gewisse Ähnlichkeiten mit Silberion oder Merkuroion zeigt. Insbesondere das Chlorid $BiOCl$ gleicht nicht nur in der Schwerlöslichkeit, sondern auch im äußern Aussehen und der Lichtempfindlichkeit dem Chlorsilber und dem Kalomel.

Die Neigung zur Bildung komplexer Salze ist beim Wismut so gut wie gar nicht vorhanden; weder Zyan, noch Ammoniak wirken lösend auf schwerlösliche Wismutsalze ein; Wismut wäre das einzige Schwermetall, welches keine anomalen Reaktionen zeigte, wenn nicht auch durch organische Oxyverbindungen die Fällung des Wismutoxyds verhindert würde. Auch entsteht durch Einwirkung von Thiosulfaten ein komplexes Anion, dessen Kaliumsalz in Alkohol schwerlöslich ist und analytisch verwendet wird.

Elftes Kapitel. Die Metalle der Zinngruppe.

1. Allgemeines.

Die Metalle der letzten Gruppe bilden, wie die der vorigen, Sulfide, die in verdünnten starken Säuren gleichfalls schwerlöslich sind, die sich aber von denen der vorigen dadurch unterscheiden, dass sie in Schwefelalkalien sich auflösen. Diese Löslichkeit beruht auf der Bildung von Thiosalzen, d. h. Salzen, die den Sauerstoffsalzen ähnlich zusammengesetzt sind, nur dass sie Schwefel an der Stelle von Sauerstoff enthalten. Der Schwefel bildet demgemäß einen Bestandteil des Anions dieser Salze. Die Alkalisalze dieser Anionen sind in Wasser löslich und zerfallen beim Ansäuern unter Abscheidung der Metallsulfide und Entwicklung von Schwefelwasserstoff. Primär wird die freie Thiosäure gebildet; diese aber ist unbeständig und zerfällt auf die angegebene Weise. Man kann fragen, warum dies geschieht, da doch sowohl im Neutralsalz wie in der freien Säure dasselbe Ion enthalten ist, dessen Beständigkeit durch die bloße Gegenwart des andern Ions nicht beeinflusst werden dürfte. Die Antwort liegt darin, dass es bei Anwesenheit von Wasserstoffion neben Metallsulfid Schwefelwasserstoff bilden kann; da letzterer eine sehr wenig dissoziierte Verbindung ist, so bildet er sich in möglichst großer Menge, was den Zerfall des Komplexes zur Folge hat. Ein Überschuss an Säure, d. h. Wasserstoffion, beschleunigt gemäß der Massenwirkung diesen Vorgang. Auch wirken die Säuren der Neigung der Sulfide, in den kolloiden Zustand überzugehen, entgegen. Allerdings muss auch hier ein Zuviel vermieden werden, da einige der hier in Betracht kommenden Sulfide in stärkeren Säuren löslich sind.

Die Fähigkeit, Thiosalze zu bilden, hängt auf das engste mit der Eigenschaft derselben Metalle zusammen, mit Sauerstoff vorwiegend Oxyde sauern Charakters zu bilden. Ebenso wie diese sich in Alkali lösen, lösen sich Sulfide in Schwefelalkalien.

2. Zinn.

Zinn bildet ein zweiwertiges Kation Sn$\cdot\cdot$, seine höhere Sauerstoffverbindung ist ein Säureanhydrid, doch ist die Existenz eines vierwertigen Stanniions nicht ausgeschlossen. Die Eigenschaften des Stannoions sind eigenartig und haben keine Ähnlichkeit mit denen der bisher besprochenen Metalle. Sehr charakteristisch ist der leichte Übergang der Stannoverbindungen in die der höheren Reihe, wodurch sie als kräftige Reduktionsmittel wirken.

Stannohydroxyd ist in Alkalien löslich; es kann daher ein Anion SnO_2'' bilden. Die alkalische Lösung ist ein kräftiges Reduktionsmittel und reduziert z. B. Wismutsalze aus ihren Lösungen unter Bildung eines charakteristischen Niederschlages von schwarzer Farbe. Aus der konzentrierten Lösung scheidet sich allmählich metallisches Zinn aus, indem gleichzeitig zinnsaures Salz gebildet wird. Der Vorgang kann so aufgefasst werden, dass das zweiwertige Ion SnO_2'', das Stannition, in das gleichfalls zweiwertige Ion SnO_3'', das Staunation, übergeht; der dazu erforderliche Sauerstoff wird einem zweiten SnO_2'' entzogen. In Formeln lautet der Vorgang: $2\ SnO_2'' + H_2O = SnO''_3 + 2\ OH' + Sn$.

Wie aus der Löslichkeit des Stannohydroxyds in Alkalien schon geschlossen werden kann, ist es eine sehr schwache Basis, d. h. eine Substanz, die nur schwierig Hydroxyl abgibt. Die Stannosalze sind daher hydrolytisch gespalten und reagieren sauer.

Schwefelwasserstoff gibt mit Stannosalzen einen schwarzbraunen Niederschlag von Zinnsulfür, der für sich in Schwefelammonium nicht löslich ist; gelbes Schwefelammonium löst ihn dagegen unter Schwefelung auf, indem sich Ammoniumthiostannat, $(NH_4)_2\ Sn\ S_3$, bildet. Dieser Vorgang ist keine einfache Ionenreaktion und braucht eine messbare Zeit zu seiner Vollendung; man muss daher einige Zeit schwach erwärmen und das Ausziehen mit erneutem Schwefelammonium wiederholen, um die Reaktion zu vollenden. Aus der Lösung fällt Säure gelbes Zinndisulfid.

Zinnsäure kommt in mehreren Modifikationen vor, die leicht ineinander übergehen. Im Wasser ist sie wohl kaum im eigentlichen Sinne löslich; wohl aber bildet sie sehr leicht kolloide Lösungen, aus denen sie durch die gewöhnlichen Mittel abgeschieden werden kann; als wirksam sind Schwefelsäure und Alkalisulfate erprobt. Die Lösung von Zinntetrachlorid in Wasser enthält zwar, wie aus den thermochemischen Versuchen von Thomsen und den elektrolytischen von Hittorf hervorgeht, keine bestimmbare Menge von vierwertigem Stanniion; doch deuten mehrere Reaktionen, insbesondere die reduzierenden Wirkungen der salzsauern Stannolösungen, auf das Vorhandensein wenigstens einer geringen Menge dieses Ions hin. Gleichzeitig ist in der Lösung eine gewisse Menge nichtdissoziiertes Zinntetrachlorid vorhanden.

Aus der Lösung des Zinntetrachlorids fällt beim Neutralisieren mit Alkali oder Ammoniak gallertartige Zinnsäure heraus. Da, wie erwähnt, keine erhebliche Menge dissoziiertes Stannichlorid in der Lösung vorhanden ist, so ist der Vorgang vielleicht darauf zurückzuführen, dass einige Kolloide in saurer Lösung sehr lange gelöst bleiben können, während sie bald gerinnen, sowie man die Lösung genau neutralisiert. Kieselsäure verhält sich ganz ebenso; neutralisiert man verdünntes Wasserglas genau, so gerinnt die Flüssigkeit sehr bald, ein starker Überschuss von Säure lässt sie dagegen klar bleiben. Aufzuklären bleibt allerdings in Bezug auf die Zinnsäure, dass sie sich nach der Fällung durch Neutralisieren wieder leicht in Säuren löst. In Alkalien ist die gefällte Zinnsäure natürlich leicht löslich; Ammoniak ist zu schwach dazu, oder sie ist für Ammoniak zu schwach, was dasselbe ist.

3. Antimon.

Antimon bildet ein dreiwertiges Kation von sehr schwach basischem Charakter. Außerdem gibt es ein Pentoxyd, welches das Anhydrid einer gleichfalls sehr schwachen Säure ist. Diese kann wie die Phosphorsäure in mehreren Modifikationen auftreten, doch gehen sie viel leichter ineinander über, als bei der Phosphorsäure.

Die Salze des dreiwertigen Antimons werden durch Wasser so stark hydrolytisch gespalten, dass sie nur bei einem sehr starken Überschuss freier Säure sich in Lösung halten können. Um sie bequemer handhaben zu können, benutzt man die sehr ausgeprägte Fähigkeit des Antimons, mit organischen Oxyverbindungen Komplexe zu bilden. Die dabei entstehenden Verbindungen sind so beständig, dass sie auch in saurer Lösung fortbestehen, was wiederum eine Folge der sehr schwachen basischen Eigenschaften des Antimonoxyds ist. Am meisten wird in der Analyse die Weinsäure für diesen Zweck angewandt; die dabei entstehende Antimon Weinsäure wird bei Gegenwart überschüssiger Weinsäure durch Wasser und verdünnte Säuren nicht zersetzt, so dass man mit Weinsäure versetzte Antimonlösungen mit Wasser verdünnen kann, ohne dass Fällung eintritt.

Durch Schwefelwasserstoff werden Antimonlösungen gefällt und gelbrotes Antimontrisulfid scheidet sich ab. Dieses ist in konzentrierter Salzsäure etwas löslich; man muss daher aus verdünnter Lösung fällen. Das Trisulfid löst sich in gelbem Schwefelammonium unter Aufnahme von Schwefel und Bildung von Thioantimoniat auf; aus der Lösung fällen Säuren gelbrotes Antimonpentasulfid unter Entwicklung von Schwefelwasserstoff. Die Theorie aller dieser Reaktionen ist oben gegeben worden.

Löst man in mäßig konzentrierter Salzsäure Antimonsulfid bis zur Sättigung, und verdünnt die Flüssigkeit mit Wasser, so fällt ein gelbroter Niederschlag von Trisulfid aus. Da in der verdünnten Lösung Salzsäure und Schwefelwasserstoff, die sich gegenüber dem Antimon das Gleichgewicht halten, in demselben Verhältnis stehen, wie in der konzentrierten, so scheint kein Grund für die Fällung vorzuliegen. Die Ursache ist darin zu suchen, dass bei steigender Verdünnung die Dissoziation des

Schwefelwasserstoffes, welcher eine schwache Säure ist, viel schneller zunimmt, als die der Salzsäure, welche schon in stärkerer Lösung weitgehend dissoziiert ist und daher durch die Verdünnung nicht mehr viel gewinnen kann. Doch ist dies nur einer der mitwirkenden Umstände; die vollständige Lösung der Aufgabe würde auf verwickeltere Betrachtungen führen, die über den Rahmen dieses Buches hinausgehen.

Antimonoxyd löst sieh in Alkali auf; es ist also imstande, ein sauerstoffhaltiges Anion zu bilden. Nach der Zusammensetzung des kristallisierten Natriumsalzes ist dies einwertig und hat die Formel SbO'_2. Die Lösung wirkt als Reduktionsmittel, indem SbO'_2 in SbO'_3 übergeht.

Von den Salzen der Antimonsäure kommt das Natriumsalz in Betracht, welches nach dem Typus der Pyrophosphate als saures Salz sich bildet und wegen seiner Unlöslichkeit zum Nachweis des Natriums benutzt wird.

Antimontrifluorid wird durch Wasser nicht gefällt. Bei der Untersuchung der elektrischen Leitfähigkeit der Lösung erweist es sich, dass diese sehr schlecht leitet: Antimonfluorid ist also nur in geringerem Grade dissoziiert, und der Gehalt der Lösung an Antimonion ist zu klein, um mit dem Hydroxylion des Wassers den Wert des für Antimonoxyd gültigen Löslichkeitsproduktes zu ergeben. Noch beständiger ist es bei Gegenwart überschüssiger Flusssäure; es bildet sich dabei eine Antimonfluorwasserstoffsäure, nach Art der Borfluorwasserstoffsäure, welche eine noch viel geringere Menge Antimonion abspaltet.

4. Arsen.

Arsen bildet ein Mittelglied zwischen den Metallen und den Nichtmetallen; es ist kaum mehr imstande, ein elementares Kation zu bilden, wohl aber bildet es zusammengesetzte Anionen verschiedener Art. Von diesen sind analytisch wichtig die Ionen der arsenigen, der Arsensäure und die entsprechenden Schwefelverbindung.

Arsentrioxyd löst sich in starker Salzsäure reichlicher als in reinem Wasser. Daraus geht mit Sicherheit hervor, dass zwischen den Ionen der Salzsäure und denen des Trioxyds, so wenig von den letztern auch nach der sehr kleinen Leitfähigkeit vorhanden sind, eine Reaktion stattfindet. Auf den Rückgang der Säuredissoziation durch die Salzsäure kann man die Erscheinung nicht zurückführen; denn wenn auch die verhältnismäßige Änderung groß ist, so ist doch wegen der äußerst geringen Menge des Säureions die absolute Zunahme des nichtdissoziierten Anteiles fast Null. Und da das Lösungsgleichgewicht ebenso mit diesem Teil wie mit dem dissoziierten stattfindet, so kann sich die Löslichkeit aus diesem

Grunde nicht meßbar ändern. Es bleibt somit nur die Annahme übrig, dass in der Lösung Arsentrichlorid sich im dissoziierten und nichtdissoziierten Zustand vorfindet. Letzteres wird auch dadurch erwiesen, dass aus der salzsauern Lösung sich beim Erhitzen Arsenchlorür verflüchtigt. Somit dürfte in der fraglichen Lösung allerdings das elementare Arsenkation As··· anzunehmen sein, wenn auch zurzeit noch nicht versucht ist, seine Konzentration zu bestimmen[20].

Schwefelwasserstoff fällt aus sauern Lösungen der arsenigen Säure Arsentrisulfid; alkalische Lösungen werden nicht gefällt. In neutralen Lösungen entsteht, namentlich wenn sie wenig fremde Stoffe enthalten, kolloides Sulfid, welches durch das Filter geht; durch Zusatz von Elektrolyten kann es zum Gerinnen gebracht werden. Das Sulfid ist in Säuren sehr schwer löslich; Salzsäure von solcher Konzentration, dass sie leicht Antimonsulfid löst, ist darauf ohne Einwirkung, was zur Unterscheidung und Trennung der beiden Stoffe benutzt werden kann. Dieses Verhalten beruht nicht nur auf der Schwerlöslichkeit des Arsensulfids, sondern mindestens ebenso sehr auf dem Umstande, dass Arsen nur schwierig ein Kation bildet.

Arsentrisulfid ist nicht nur in Schwefelammonium, sondern auch in Ammoniak, ja sogar in Ammoniumkarbonat löslich; auch dieser letzte Umstand kann zu seiner Trennung von Antimonsulfid benutzt werden. Die Ursache dieser Reaktion liegt darin, dass in den Anionen der arsenigen wie der Arsensäure der Sauerstoff in fast allen Verhältnissen durch Schwefel ersetzt werden kann, ohne dass die Löslichkeits- und Beständigkeitsverhältnisse eine wesentliche Änderung erfahren.

Arsensäure wird durch Schwefelwasserstoff zunächst nicht gefällt; allmählich beginnt eine Reaktion, indem sich Schwefel abscheidet und Trisulfid gebildet wird. Durch die Gegenwart freier Säuren wird dieser Vorgang beschleunigt, ebenso durch Erwärmen, doch erfolgt er immerhin so langsam, dass es zweckmäßiger ist, die Reduktion der Arsensäure durch ein wirksameres und bequemer anzuwendendes Mittel zu bewerkstelligen; schweflige Säure ist ganz brauchbar dazu.

Aus salzsauern Lösungen von Arsensäure verflüchtigt sich beim Erhitzen kein Arsen, denn ein Arsenpentachlorid bildet sich nicht in messbarer Menge, und die Arsensäure ist für sich nicht flüchtig.

---

[20] Vgl. Brunner und Toloczko, Ztschr. f. anorg. Chemie 37, 455 (1903).

Zwölftes Kapitel. Die Nichtmetalle.

1. Allgemeines.

Man kann es als eine charakteristische Eigenschaft der Metalle bezeichnen, dass sie imstande sind, elementare Kationen zu bilden. Im Gegensatz dazu entstammen die elementaren Anionen ausschließlich der Gruppe der Nichtmetalle. Wie aber Metalle fähig sind, zusammengesetzte Anionen zu bilden, so kommen auch aus Nichtmetallen zusammengesetzte Kationen vor. Freilich ist deren Zahl weit beschränkter; im anorganischer Gebiete haben wir nur das Ammoniak, im organischen dessen Substitutionsprodukte, ferner die der analogen Verbindungen des Phosphors, Arsens, Antimons, Siliziums, Zinns, sowie die Basen der Schwefelgruppe. Hierzu sind schließlich noch die Jodoniumbasen zu rechnen.

Die Einteilung der Anionen macht wegen ihrer zusammen gesetzteren Beschaffenheit viel mehr Schwierigkeiten, als die der meist elementaren Kationen; am zweckmäßigsten wird man sie nach der Wertigkeit vornehmen, wodurch wenigstens die zu natürlichen Gruppen gehörigen Stoffe nicht getrennt, wenn auch einige weniger verwandte zusammengebracht werden. Demgemäß behandeln wir zunächst die einwertigen Halogene, deren zusammengesetzte Anionen meist gleichfalls einwertig sind, ferner die zweiwertige Schwefelgruppe mit gleichfalls zweiwertigen zusammengesetzten Anionen, alsdann die dreiwertigen zusammengesetzten Anionen der Phosphorgruppe (dreiwertige elementare Anionen sind nicht bekannt) und schließlich die vier- und mehrwertigen Anionen.

2. Die Halogene.

Chlor, Brom und Jod bilden eine nahverwandte Gruppe einwertiger Anionen, deren Eigenschaften sich regelmäßig nach der Reihenfolge der Verbindungsgewichte abstufen. Das spezifische Reagens für sie ist Silberion, welches mit ihnen sehr schwer lösliche helle Niederschläge bildet, die insbesondere bei Silberüberschuss sich im Lichte schwärzen. Die gleiche Reaktion zeigt das Merkuroion, das Thalloion und in geringerem Grade das Kuproion. Auch das einwertige Bismutylion BiO· lässt sich hier einreihen.

Die Ionisierungstendenz der Halogene nimmt mit steigendem Verbindungsgewicht ab. Da aber die Löslichkeit bei den Jodverbindungen am geringsten zu sein pflegt, so kommt es, dass häufig Jodverbindungen unter bestimmten Umständen beständiger erscheinen, als die entsprechenden Brom- und Chlorverbindungen. Man kann sich in dieser Beziehung die Regel merken, dass bei Reaktionen, bei denen freies Halogen auftritt, Jod am schwächsten ist; wo es sich aber um reine Ionenreaktionen, also doppelten Austausch handelt, behält das Jod die Überhand. Darum geht Jodkalium durch Behandeln mit Chlor in Chlorkalium und freies Jod über, Chlorsilber aber wird durch Digerieren mit Jodkaliumlösung in Jodsilber verwandelt, während Chlorkalium auf Jodsilber ohne Einfluss ist.

Die beiden eben genannten Umstände sind denn auch die Grundlage verschiedener Verfahren, die Halogene zu trennen, wenn sie nebeneinander vorkommen. So gibt es eine Anzahl schwacher Oxydationsmittel, wie die Ferri- oder Kuprisalze, deren Wirkung zwar ausreicht, die geringe Ionisierungstendenz des Jods zu überwinden, die aber nicht vermögen, Brom- oder Chlorion in das freie Element zu verwandeln. Meist ist die Wirkung unvollständig; man kann sie aber praktisch vollständig machen, wenn man durch Entfernung des freigewordenen Jods in dem Maße, wie es sich bildet, seine Massenwirkung aufhebt. Oft geschieht dies durch Abdestillieren; doch kann man ganz dasselbe durch Ausschütteln mit einem andern Lösungsmittel, z. B. Schwefelkohlenstoff, erreichen.

Ein gleiches Verfahren ist für die Trennung des Broms von Chlor anwendbar, wenn man ein passendes Oxydationsmittel findet. Nach den Messungen von Bancroft über die elektromotorische Kraft verschiedener Oxydations- und Reduktionsmittel würde unter den von ihm untersuchten Stoffen nur Jodsäure (Kaliumjodat und Schwefelsäure) brauchbar sein. Ein solches Verfahren ist inzwischen (Ztschr. f. anorg. Chemie, 10, 387. 1895) von S. Bugarszki geprüft und zu einer gut anwendbaren Methode ausgearbeitet worden. In derselben Richtung liegen die Arbeiten von Küster [Ztschr. f. phys. Chemie, 28, 377 (1898)], der das Oxydationspotential des Permanganations durch Konzentrationsverschiedenheiten des anwesenden Wasserstoffions um die erforderlichen Stufen verändert hat.

Zur quantitativen Bestimmung zweier Halogene nebeneinander kann man sich vorteilhaft der indirekten Analyse bedienen, wenn die beiden Halogene in nicht zu verschiedenen Mengen vorhanden sind. Die einfachste Form des Verfahrens ist die, dass man maßanalytisch die Silbermenge bestimmt, welche zur vollständigen Fällung erforderlich ist, und dann den Niederschlag wägt. Aus der ersten Messung lässt sich berechnen, wie viel der Niederschlag wiegen müsste, wenn er nur das eine oder das andere Halogen enthielte; die Unterschiede dieser beiden Zahlen gegen die beobachtete verhalten sich umgekehrt, wie die Mengen der beiden Halogene. Auch kann man beide Halogene vollständig mit Silberlösung fällen, den Niederschlag wägen, ihn durch Erhitzen in einem

Strome des stärkeren Halogens vollständig in die entsprechende Silberverbindung verwandeln und wieder wägen; die Rechnung ist ähnlich wie im vorigen Falle.

Wie sich die Silberverbindungen verhalten, wenn ein Halogen nur in sehr geringer Menge vorhanden ist, wurde schon früher auseinandergesetzt.

Von den drei besprochenen Halogenen unterscheidet sich das Fluor in hohem Maße. Es bildet weder mit Silber, noch mit den andern obengenannten Metallen schwerlösliche Verbindungen, dagegen bildet es solche mit den Erdalkalimetallen, die ihrerseits mit den Halogenen leichtlösliche bilden. Es zeigt sich hier dasselbe abweichende Verhalten des Elements mit dem niedrigsten Atomgewicht im Sinne der nächsten, höherwertigen Reihe, wie es sich auch beim Lithium und Beryllium bemerklich macht. Der Nachweis des Fluors erfolgt gewöhnlich durch die Bildung des flüchtigen Siliziumtetrafluorids, das sich mit Wasser zu Kieselsäure und Kieselflusssäure zersetzt.

Der Nachweis der freien Halogene ist beim Jod am leichtesten zu führen, indem dieses sich mit Stärkekleister blau färbt. Die Farbe gehört einem leicht zerfallenden Additionsprodukt an, das augenblicklich aus beiden Stoffen entsteht; in der Wärme zerfällt es in die beiden Bestandteile, und die Farbe verschwindet; beim Abkühlen kehrt sie wieder, indem die Verbindung sich von neuem bildet. Der Zerfall der Jodstärke ist auch bei gewöhnlicher Temperatur offenbar ziemlich weit vorgeschritten, denn das Jod verhält sich in dieser Verbindung fast wie freies Jod; bei einigen langsam verlaufenden Vorgängen kann man indessen an dem verzögernden Einflüsse der Stärke erkennen, dass die Konzentration des freien Jods durch die Gegenwart der erstem vermindert worden ist.

Eine andere sehr empfindliche Reaktion des freien Jods ist seine intensiv rotviolette Farbe, wenn es in Lösungsmitteln wie Schwefelkohlenstoff oder Chloroform gelöst ist. Da es in diesen sehr viel reichlicher löslich ist, als in Wasser, so geht es beim Ausschütteln fast vollständig in sie über; das Teilungsverhältnis mit Schwefelkohlenstoff ist 1: 410. Umgekehrt ist Jodion in Wasser ungemein viel löslicher, als in den andern Lösungsmitteln. Je nachdem man also das Jod in den elementaren oder in den Ionenzustand überführt, tritt es beim Ausschütteln in das eine oder das andere Lösungsmittel über. Man kann hiervon bei der Bestimmung sehr kleiner Jodmengen Gebrauch machen: das Jod wird durch ein passendes Oxydationsmittel in Freiheit gesetzt, in Chloroform aufgenommen, und kann dann nach dem Abtrennen des letztern mit Thiosulfat titriert werden, indem man die violette Chloroformlösung mit allmählich zugesetztem Thiosulfat bis zur Entfärbung schüttelt. Das Oxydationsmittel darf nicht in das Chloroform übergehen; man benutzt salpetrige

Säure dazu. Sehr hübsch lässt sich der Übergang des Jods aus einem Lösungsmittel in das andere je nach seinem Zustande verfolgen, wenn man zu einer Lösung eines Jodsalzes, der man Schwefelkohlenstoff zugefügt hat, Chlorwasser setzt. Zuerst bildet sieh freies Jod, und der Schwefelkohlenstoff färbt sich violett; fährt man aber mit dem Zusätze fort, so entfärbt sieh die Lösung wieder, indem das Jod in Jodation JO'_2 übergeht, das sich farblos im Wasser löst.

Brom bewirkt die Umwandlung des Jods in Jodsäure nicht so scharf wie Chlor, denn seine Ionisierungstendenz ist erheblich geringer, so dass in der Lösung Jodbromide existieren können, ohne in Bromwasserstoff und Jodsäure, d. h. Brom- und Jodsäureion neben Wasserstoffion, überzugehen. Deshalb färbt sich, namentlich in konzentrierteren Lösungen, der Schwefelkohlenstoff gelbbraun vom aufgelösten Jodbromid, welches sich nicht mit Wasser umsetzt, und erst bei sehr großer Verdünnung, wo die Ionisierung entsprechend befördert ist, findet dieselbe Reaktion wie bei Chlor statt.

Freies *Brom* kennzeichnet sich durch den Geruch und die gelbrote Farbe, welche es in seinen Lösungen zeigt. Es ist gleichfalls in Schwefelkohlenstoff und ähnlichen Lösungsmitteln viel leichter löslich, als in Wasser, und kann daher durch Ausschütteln darin konzentriert werden, wodurch seine Erkennung erleichtert wird. Zur quantitativen Bestimmung ersetzt man es immer mittels Zusatzes eines Jodsalzes durch freies Jod, welches dann mit Thiosulfat titriert wird; freies Brom darf nicht mit Thiosulfat zusammengebracht werden, weil es dieses nicht in Tetrathionat, sondern in Schwefelsäure, freien Schwefel usw. überführt.

Jod und Brom, in geringerem Maße auch Chlor, sind in den Lösungen ihrer Salze und Wasserstoffsäuren viel leichter löslich, als in reinem Wasser. Dies ist ein Beweis dafür, dass ein Teil des Halogens nicht in seinem gewöhnlichen Zustand in der Lösung vorhanden ist; der Anteil, der über den Löslichkeitsbetrag in reinem Wasser in Lösung gegangen ist, ist in einer andern Form vorhanden. Es hat sich ergeben, dass das freie Halogen sich mit dem gleichnamigen Ion zu einem zusammengesetzten Ion J'_3 bzw. Br'_3 verbindet, welches teilweise zerfallen ist. Die Eigenschaften der freien Halogene, wie wir sie in wässerigen Lösungen kennen, sind daher wesentlich die dieser polymeren Ionen, die allerdings sehr leicht freies Halogen abspalten.

Chlor wird im freien Zustande gleichfalls am Geruch erkannt; seine quantitative Bestimmung erfolgt durch die Messung der äquivalenten Jodmenge, welche es aus Jodion bildet. Wegen seiner großen Flüchtigkeit fängt man es häufig in verdünntem Alkali auf, wobei es sich in Hypochlorit und Chlorid verwandelt; durch Zusatz von Säuren wird wieder Chlor in gleicher Menge frei. Lässt man die Flüssigkeit einige Zeit stehen, so verwandelt sich ein Teil des Hypochlorits in Chlorat, welches durch Säuren nur langsam zersetzt wird; in solchen Fällen erhält man leicht zu kleine Resultate.

3. Zyan und Rhodan.

Den Halogenen schließen sich in manchen Reaktionen die beiden zusammengesetzten Ionen Zyan, CN', und Rhodan, CNS', an. Insbesondere bilden beide schwerlösliche Silbersalze von ganz ähnlichen Eigenschaften wie die Halogene.

Zyan ist ausgezeichnet durch die Leichtigkeit, mit welcher es komplexe Ionen bildet, in denen die gewöhnlichen Zyanreaktionen nicht zum Vorschein kommen. So ist im Blutlaugensalz die spezifische Giftigkeit verschwunden, die den sämtlichen Verbindungen eigen ist, welche Zyanion enthalten. Bei Gelegenheit der Metalle sind die wichtigsten dieser komplexen. Ionen erwähnt worden, auch wurde dort ihre sehr verschiedene Beständigkeit erörtert. Die meisten analytischen Reaktionen des Zyans beruhen auf der Bildung solcher Komplexe.

Einer der bequemsten und empfindlichsten Nachweise besteht in der Bildung von Ferrozyaneisen oder Berlinerblau. Man versetzt die Flüssigkeit mit einem Gemenge von Ferro- und Ferrisalz, fügt Alkali dazu und erwärmt einige Zeit; bei Gegenwart von Zyanion bildet sich hierbei Ferrozyanion, und man erhält nach dem Ansäuern einen blauen Niederschlag oder bei sehr wenig Zyan nur eine blaugrüne Färbung. Das Erwärmen der alkalischen Lösung muss einige Zeit fortgesetzt werden, denn die Bildung des Ferrozyanions ist keine reine Ionenreaktion und braucht deshalb eine messbare Zeit.

Ein anderes Verfahren besteht darin, dass man die Lösung mit überschüssigem gelbem Schwefelammonium eindampft. Das Zyanion geht dabei in Rhodanion über, welches man an seiner charakteristischen Reaktion mit Ferrisalzen leicht erkennen kann.

Zur quantitativen Bestimmung fällt man entweder mit Silberlösung und wägt das getrocknete Zyansilber, oder man benutzt die S. 133 beschriebene maßanalytische Methode.

Rhodan oder Schwefelzyan ist durch seine intensiv rotbraune Färbung mit Ferrisalzen ausgezeichnet. Die Farbe kommt dem nichtdissoziierten Anteil des Salzes zu, und wird daher durch alle Ursachen, welche diesen vermindern, geschwächt oder verhindert, und umgekehrt. Darum geht die Rotfärbung zurück, wenn man der Flüssigkeit ein Neutralsalz, wie Natriumsulfat, hinzufügt. Denn durch das hinzutretende Sulfation wird ein Teil des Ferriions in nichtdissoziiertes Salz übergeführt, da Ferrisulfat als Salz einer zweibasischen Säure weniger dissoziiert ist, als das Rhodanid. Umgekehrt wird die Reaktion beim Ausschütteln mit Äther deutlicher, denn das nichtdissoziierte farbige Ferrirhodanid geht in den Äther über, und in der wässerigen Lösung muss sich neues bilden. Bringt man Rhodankalium und ein Ferrisalz in äquivalenten Mengen zusammen, so tritt keineswegs das Maximum der Färbung ein; diese nimmt vielmehr sowohl auf Zusatz des einen wie des andern noch bedeutend zu, weil durch Vermehrung eines der beiden Ionen das Gleichgewicht im Sinn einer vermehrten Bildung von nichtdissoziiertem Ferrisalz verschoben wird. Mit Lösungen von kolloidem Eisenoxyd entsteht gar keine rote Färbung, weil eine solche Lösung kein Ferriion enthält. Das gleiche gilt für rotes Blutlaugensalz.

Die quantitative Bestimmung des Schwefelzyans erfolgt durch Fällen mit Silbernitrat oder, wenn andere durch Silber fällbare Stoffe zugegen sind, durch Oxydation und Bestimmung der gebildeten Schwefelsäure.

4. Die einbasischen Sauerstoffsäuren.

Die Säuren HNO_3, $HClO_3$, $HClO_4$, $HBrO_3$, HJO_3 sind einander in gleicher Weise ähnlich, wie die Halogenwasserstoffsäuren. Ihr charakteristisches Kennzeichen ist, dass sie fast nur lösliche Salze[21] bilden; die an der Grenze stehende Jodsäure macht eine Ausnahme, indem sie einige sehr schwerlösliche Salze, insbesondere ein derartiges Bariumsalz bildet. Bariumbromat ist schon löslicher, das Chlorat ist am löslichsten.

Die analytischen Reaktionen dieser Anionen beruhen nicht auf eigentlichen Ionenreaktionen, sondern auf der leichten Sauerstoffabgabe, durch welche leicht zu erkennende Produkte entstehen. Die Salze der Ionen ClO', ClO_2', ClO_3, ClO_4', BrO_3', JO_3' verwandeln sich beim Erhitzen unter Entwicklung von Sauerstoffgas in die Salze der Halogene selbst, welche dann in gewöhnlicher Weise erkannt werden können; dabei ist zu bemerken, dass die Sauerstoffverbindungen umso beständiger werden, je mehr Sauerstoff sie enthalten. Es ist dies das Gegenteil von dem, was man nach der Analogie bei den Oxyden der Metalle erwarten möchte.

Der Nachweis der Salpetersäure erfolgt am bequemsten durch Ferrosalze in konzentrierter schwefelsaurer Lösung; beim Überschichten mit der zu untersuchenden Flüssigkeit bildet sich an der Berührungsstelle eine braunviolette gefärbte Zone. Die Färbung rührt von der Entstehung eines komplexen Kations her, welches die Elemente des Stickoxyds neben dem Eisen enthält. Dies geht daraus hervor, dass alle Ferrosalze

---

[21] Das Nitrat des „Nitrons" (Diphenylendianilodihydrotriazol) ist praktisch unlöslich.

die Reaktion geben, unabhängig von ihrer Säure. Das komplexe Stick-oxyd-Ferroion ist nicht sehr beständig, denn es wird schon durch Sieden zerstört. Dies geschieht, indem der kleine vorhandene Anteil Stickoxyd, welcher durch Dissoziation abgespalten ist, durch den Wasserdampf fortgeführt wird; es muss deshalb zur Herstellung des Gleichgewichtes immer wieder neues Stickoxyd abgespalten werden, bis die Verbindung völlig zerstört ist.

Auf der gleichen Reaktion beruht eine quantitative Bestimmung der Salpetersäure, und zwar wird entweder die Oxydation des Ferrosalzes, oder das entwickelte Stickoxyd der Messung zugrunde gelegt. Das ers-tere Verfahren ist bequemer, lässt sich aber nur verwenden, wenn keine andern oxydierenden oder reduzierenden Stoffe zugegen sind; das zweite, von Schlösing ausgebildete, ist verwickelter, aber von allgemei-nerer Anwendbarkeit.

Die qualitative Unterscheidung der verschiedenen Oxydationsstufen des Chlors beruht auf ihrer verschiedenen Beständigkeit; unterchlorige Säure wird bereits von verdünnter kalter Salzsäure unter Chlorentwick-lung angegriffen, Chlorsäure erst beim Erhitzen, Überchlorsäure über-haupt nicht[22]. Die quantitative Bestimmung erfolgt durch Messung der Oxydationswirkung, am einfachsten mit Jodwasserstoffsäure, d. h. Jod-kalium und Salzsäure. Unterchlorige Säure oxydiert augenblicklich, Chlorsäure braucht dazu eine längere Zeit.

Überchlorsäure kann auf diese Weise überhaupt nicht gemessen werden; man kann sie als schwerlösliches Kaliumsalz durch Zusatz von Kaliumazetat und Alkohol fällen. Ein großer Überschuss des erstem ist hier wegen der verhältnismäßig erheblichen Löslichkeit des Kalium-perchlorats von besonderem Nutzen. Will man dieses Verfahren nicht anwenden, so führt man das Perchlorat durch vorsichtiges Glühen in Chlorid über.

Bromsäure zersetzt sich mit Jodwasserstoff nicht sehr schnell; Jod-säure fast augenblicklich, ebenso Überjod- säure. Dabei geht die Brom-säure in Bromwasserstoff über, d. h. das Brom nimmt den Ionenzustand an; die Jod- und die Überjodsäure dagegen lassen ihr Jod in den freien Zustand übergehen. Die freiwerdende Jodmenge ist für die Jodsäure die gleiche, wie für die Bromsäure, nämlich 6 Verbindungsgewichte Jod.

---

[22] Wegen dieser überaus geringen Oxydationsgeschwindigkeit ist eine Bestimmung der Überchlorsäure neben andern von geringerem Oxydationspotential durch ein zwischenliegendes Oxydationsmittel (vgl. S. 190 das Verfahren mit Jodsäure) nicht ausführbar. Dieser Umstand ist gelegentlich nicht beachtet worden und hat zu falschen Deutungen der Tatsachen geführt.

Sehr bemerkenswert ist, dass die niedern Sauerstoffsäuren des Chlors und Broms ungemein schwache Säuren sind; der Zutritt des Sauerstoffes zu den sehr starken Wasserstoffsäuren hat also die Dissoziationsfähigkeit ganz außerordentlich herabgedrückt. Über die Ursache dieser Erscheinung, die mit der bekannten azidifizierenden Wirkung des Sauerstoffes in auffallendem Gegensatze steht, ist nichts bekannt. Vielleicht kann man sie mit einem Wechsel der Valenz des Halogens in Zusammenhang bringen; so erhält beispielsweise der negativ wirkende Schwefel der Alkylsulfide durch den Übergang in den vierwertigen der Sulfide einen ausgeprägt basischen Charakter. Der Sprung findet in der Tat nur beim Übergange der Wasserstoffsäure in die niedrigste Sauerstoffsäure statt; in der Reihe der letztem nimmt die Stärke in regelrechter Weise mit steigendem Sauerstoffgehalt zu.

5. Die Säuren des Schwefels.

Schwefel bildet eine große Zahl verschiedener Anionen mit Sauerstoff, die sämtlich zweiwertig sind. Dazu kommt das Schwefelion selbst, das gleichfalls zweiwertig ist; in wässerigen Lösungen geht es aber meist durch den Einfluss des Wassers in das einwertige Ion SH' über, obwohl allerdings auch in wässerigen Lösungen namentlich bei größerer Konzentration eine gewisse Menge des zweiwertigen Ions S'' angenommen werden muss.

Die Lösungen des Schwefelwasserstoffes sind sehr wenig dissoziiert, und zwar so gut wie ausschließlich in H. und SH'. Durch die Anwesenheit anderer stärkerer Säuren wird diese Dissoziation entsprechend der Konzentration der Wasserstoffionen weiter herabgedrückt. Hierauf beruht, wie schon früher (S. 127) dargelegt wurde, die lösende Wirkung der Säuren auf gewisse Schwefelmetalle, die umso beträchtlicher ist, je größer die Konzentration des Wasserstoffions ist. Im Übrigen kommt noch, wie gleichfalls schon dargelegt wurde, die Löslichkeit des Schwefelmetalls in Wasser oder sein Löslichkeitsprodukt in Frage.

Die Erkennung des Schwefelwasserstoffes ist durch den unverkennbaren Geruch sehr leicht gemacht. Objektiv kann man den Stoff nachweisen, indem man das zu prüfende Gas mit Bleipapier (Filtrierpapier mit Bleiazetat getränkt) in Berührung bringt; eine Braunfärbung deutet auf Schwefelwasserstoff. Zur quantitativen Bestimmung benutzt man entweder die Fällung als Metallsulfid, oder die reduzierenden Wirkungen, insbesondere die auf freies Jod, welches in Jodwasserstoff übergeführt wird. Da die maßanalytische Messung durch Jodlösung ungemein leicht und scharf auszuführen ist, so ist das zweite Verfahren vorzuziehen, nur muss man stark verdünnen und sich gegen Verluste durch Abdunstung des Gases schützen.

Das Schwefelion, wie es in den Lösungen von Alkalisulfiden existiert, gibt auf Zusatz von Nitroprussiden eine schön violette Farbe zu erkennen, die wahrscheinlich von der Bildung eines neuen Anions bedingt ist. Dieses ist schon in der alkalischen Flüssigkeit nur wenig beständig; in saurer zerfällt es augenblicklich. Ferner erzeugen alkalische Sulfide auf metallischem Silber einen braunen Fleck von Schwefelsilber, der charakteristisch ist; da alle Sauerstoffsalze des Schwefels beim Erhitzen mit Kohle und Soda in Sulfide übergehen, so kann man sich dieser Reaktion zur Erkennung der Schwefelverbindungen bedienen.

Von den sauerstoffhaltigen Ionen des Schwefels ist das Sulfation SO_4'' am wichtigsten. Seine Erkennung und Bestimmung erfolgt durch das sehr schwerlösliche Bariumsulfat. Infolge seiner sehr geringen Löslichkeit hat dieses große Neigung, sehr feinpulverig auszufallen, und es übt dann seine Adsorptionswirkung aus, die bei quantitativen Bestimmungen merkliche Fehler verursachen kann. Das Mittel, solche Fehler zu vermeiden, besteht darin, dass man auf die Bildung eines möglichst grobkörnigen Niederschlages hinarbeitet, d. h. heiß und aus einigermaßen saurer Lösung fällt. Die lösende Wirkung der freien Säure kann durch einen Überschuss des Fällungsmittels kompensiert werden. Am auffälligsten ist das Mitreißen gelöster Stoffe, wenn Ferrisalze zugegen sind; in diesem Fall ist die Bildung einer „festen Lösung" angenommen worden, doch handelt es sich vielmehr um die Bildung komplexer Eisensulfationen[23]), ähnlich den entsprechenden Chromverbindungen. Man tut in einem solchen Falle gut, das Ferrisalz zu Ferrosalz zu reduzieren, welches letztere dem Mitgerissenwerden weniger ausgesetzt ist. Auch kann man das eisenhaltige Bariumsulfat mit Alkalikarbonat schmelzen, wodurch es in Bariumkarbonat und Alkalisulfat übergeht, und die wässerige Lösung der Schmelze von neuem mit Bariumsalz fällen. Das Eisen bleibt dann im unlöslichen Rückstande.

Bei der Bestimmung der Schwefelsäure ist daher darauf Rücksicht zu nehmen, dass sie zuweilen in komplexen Verbindungen vorhanden sein kann; insbesondere Chromverbindungen (S. 123) neigen dazu. Schmelzen mit überschüssigem Alkalikarbonat zerstört die komplexen Säuren und führt sie in Sulfate über.

Schweflige Säure ist eine viel schwächere Säure, als Schwefelsäure; daher sind die schwerlöslichen Salze, die sie mit Barium, Blei usw. bildet, in Säuren löslich. Ihre Kennzeichen beruhen einerseits auf den reduzie-

[23]) Küster, Zeitschrift f. anorg. Chemie 22, 424 (1900).

renden Wirkungen, die sie zeigt, anderseits auf dem Nachweis der bei ihrer Oxydation entstehenden Schwefelsäure. Ein drittes Mittel ist die Reduktion der schwefligen Säure durch naszierenden Wasserstoff, wobei Schwefelwasserstoff entsteht. Die letztgenannte Eigentümlichkeit teilt die schweflige Säure mit den andern Sauerstoffsäuren des Schwefels mit Ausnahme der Schwefelsäure.

Die reduzierende Wirkung der schwefligen Säuren kann durch Anwendung von Jodsäure besonders auffällig gemacht werden, indem sich dann freies Jod ausscheidet. Es entsteht zuerst Jodion, und dieses wirkt sofort auf weitere Jodsäure und bildet Jod und Wasser. Der Vorgang erfolgt nach der Gleichung $JO_3' + 5 J' + 6 H\cdot = 3 J_2 + 3 H_2O$; er bedarf des Wasserstoffions und findet somit nur in saurer Lösung statt.

Von den folgenden Sauerstoffsäuren des Schwefels unterscheidet sich die schweflige Säure dadurch, dass sie auf Zusatz von Salzsäure und Erwärmen keinen Schwefel abscheidet, was die andern unter Entwicklung von Schwefeldioxyd tun. Ausgenommen hiervon ist die Dithion- oder Unterschwefelsäure, welche unter diesen Umständen in Schwefelsäure und Schwefeldioxyd zerfällt.

Unterschweflige oder richtiger Thioschwefelsäure ist nur in ihren Salzen bekannt. Man kann fragen, warum das Ion S_2O_3'' in saurer Lösung nicht ebenso beständig ist, wie in neutraler oder alkalischer, da es sich doch immer um dasselbe freie Ion handelt. Die Antwort hat dahin zu lauten, dass das fragliche Ion neben Wasserstoffion nicht bestehen kann, da es mit diesem zu den weniger, bzw. gar nicht dissoziierten Stoffen, Schwefel und schweflige Säure, zusammentreten kann. Der Vorgang ist keine Ionenreaktion und erfolgt nicht augenblicklich ; die erforderliche Zeit steht mit der Konzentration des Wasserstoffions in Beziehung.

Eine wichtige Anwendung erfahren die Thiosulfate in der Jodometrie. Hierbei geht freies Jod in Jodion über; die erforderlichen zwei Ionenladungen werden dem Ion S_2O_3'' entnommen, von denen zwei Verbindungsgewichte unter Verlust der beiden Valenzen zu dem Tetrathionation S_4O_6'' zusammentreten.

Die andern Halogene wirken nicht in diesem Sinne auf Thiosulfate ein, sondern sie bilden Schwefelsäure neben freiem Schwefel. Diese Verschiedenheit ist darauf zurückzuführen, dass auch Tetrathionation durch Chlor oder Brom oxydiert wird, und zwar bildet es gleichfalls Schwefelsäure und Schwefel. Eine Oxydation des letztern scheint nicht stattzufinden, solange überschüssiges Thiosulfat zugegen ist; man kann deshalb aus der gebildeten Schwefelsäuremenge die Menge des Halogens berechnen. Doch ist es viel einfacher, das Halogen auf Jodkalium einwirken zu lassen, und das ausgeschiedene Jod mit Thiosulfat zu titrieren.

Von den beiden Wasserstoffionen der Thioschwefelsäure wird eines besonders leicht durch Schwermetalle ersetzt, die eine große Verwandtschaft zum Schwefel haben, und die entstehenden Verbindungen sind in Bezug auf das Metall sehr wenig dissoziiert. Daher lösen sich viele schwerlösliche Metallsalze in überschüssigem Thiosulfat auf, indem sie in komplexe Anionen übergehen, in deren Lösungen nur äußerst wenig freies Metallion vorhanden ist. Aus löslichen Metallsalzen fällen Thiosulfate meist zuerst schwerlösliches Thiosulfat des betreffenden Metalls, und dieses löst sich in überschüssigem Thiosulfat zu dem Salz des Metall-Thiosulfations auf. Beispiele sind die Verbindungen des Kupfers, Bleis, Silbers, Quecksilbers usw. Diese Metallthiosulfate sind wenig beständig; sie zersetzen sich meist schon in neutraler, alle in saurer Lösung in Metallsulfide, Schwefelsäure, Schwefel usw. Die letztere Reaktion hat auch analytische Verwertung gefunden, um die Abscheidung von Sulfiden der Kupfergruppe ohne Anwendung von Schwefelwasserstoff zu bewerkstelligen.

Ähnliche Lösungserscheinungen treten auch bei der schwefligen Säure auf, doch sind sie dort etwas weniger ausgeprägt, und die Umwandlung in Schwefelmetall fehlt ganz, weil die Säure nur ein Verbindungsgewicht Schwefel enthält. Doch ist beispielsweise Chlorsilber in Natriumsulfit fast ebenso löslich, wie in Natriumthiosulfat. Die Bildung solcher Komplexe, in denen die Metallionen zum großen Teil in nichtdissoziiertem Zustand enthalten sind, lässt sich außer durch die Löslichkeit schwerlöslicher Salze auch noch durch die Messung der elektromotorischen Kraft der fraglichen Metalle in solchen Lösungen nachweisen, da unter diesen Umständen die elektrische Stellung der Metalle mehr oder weniger nach der Seite des Zinks verschoben erscheint. Im Sinne der gebräuchlichsten Konstitutionsformeln kann man diese Verhältnisse ausdrücken, indem man die beiden Säuren in der Gestalt $O_2S{<}^{SH}_{HO}$ und $O_2S{<}^{H}_{OH}$ schreibt, und die Schwermetalle den „unmittelbar an Schwefel gebundenen" Wasserstoff ersetzen lässt.

6. Kohlensäure.

Zu den schwächsten Säuren, die noch den Charakter einer wirklichen Säure besitzt, gehört die Kohlensäure. Ihre wässerige Lösung reagiert allerdings sauer, doch wird Lackmustinktur nur weinrot, nicht zwiebelrot wie durch stärkere Säuren gefärbt. Es ist dies zum Teil eine Folge der ziemlich geringen Konzentration, welche die Kohlensäure infolge ihrer geringen Löslichkeit unter Atmosphärendruck nur erreichen kann; vermehrt man sie durch Anwendung stärkeren Druckes, so tritt auch die zwiebelrote Farbe ein.

Von den Salzen der Kohlensäure sind nur die der Alkalimetalle in Wasser löslich; die Erdalkalimetalle bilden lösliche Bikarbonate, d. h. Salze des Anions HCO_3', die indessen nur wenig beständig sind und schon durch Kochen zerfallen. Die Ursache davon ist, dass das eine Zersetzungsprodukt, das Kohlendioxyd, durch die Dämpfe des siedenden Wassers unausgesetzt fortgeführt wird, so dass die Zersetzung immer weiter gehen muss und schließlich vollständig wird. Die Lösungen der Alkalisalze reagieren alkalisch; das Streben der Kohlensäure, in einen weniger dissoziierten Zustand überzugehen, bewirkt eine Bildung von sauerm Karbonat, d. h. des Ions HCO_3', für die der erforderliche Wasserstoff dem Wasser entzogen wird. Das übrigbleibende Hydroxylion bewirkt dann die alkalische Reaktion.

Mit der großen Schwäche der Kohlensäure hängt ihre Eigenschaft, mit schwachen Basen keine normalen Salze zu bilden, gleichfalls zusammen. Es findet Hydrolyse statt, und der Niederschlag enthält ein Gemenge von Karbonat und Hydroxyd, dessen Mengenverhältnis mit steigender Wassermenge zugunsten des Hydroxyds sich ändert. Über diesen Gegenstand sind schon vor langer Zeit von H. Rose ausgedehnte Untersuchungen angestellt worden, die alle in dem angegebenen Sinn ausgefallen sind.

Zur Erkennung der Kohlensäure dient ihr leichter Übergang in das gasförmige Kohlendioxyd, welches sich auf Zusatz fast jeder Säure zu einem löslichen oder auch unlöslichen Karbonat entwickelt. Bei der sehr geringen Stärke der Kohlensäure macht sich der Einfluß der Schwerlöslichkeit so gut wie gar nicht geltend; die Zersetzung des Bleiazetats durch Kohlensäure ist fast der einzige einigermaßen untersuchte derartige Fall. Der Nachweis des Kohlendioxyds geschieht durch Kalkwasser, das weiß gefällt wird. Zur quantitativen Bestimmung wird das Dioxyd entweder durch Natronkalk absorbiert und gewogen, oder wenn nur geringe Mengen zu bestimmen sind, so legt man eine gemessene Menge titrierten Barytwassers vor, und bestimmt nach erfolgter Absorption und Fällung den Gehalt der abgeklärten Flüssigkeit an Baryt alkalimetrisch.

Kohlensäure ist ein nie fehlender Bestandteil des gewöhnlichen destillierten Wassers, in welches er aus dem Rohmaterial, dem Gebrauchswasser, gelangt. Beim Stehen an der Luft geht ein Teil davon heraus; ein anderer Teil bleibt dagegen hartnäckig zurück. Man kann ihn ziemlich vollständig dadurch entfernen, dass man längere Zeit einen kohlensäurefreien Luftstrom durch das Wasser leitet. Man erhält dadurch jedenfalls ein reineres Wasser, als durch das übliche Auskochen, wobei meist ganz erhebliche Mengen Glassubstanz aufgelöst werden. Soll das Wasser gleichzeitig sauerstofffrei werden, so benutzt man zum Durchleiten Wasserstoff oder Stickstoff.

7. Phosphorsäure.

Bei der Orthophosphorsäure H_3PO_4 machen sich die früher (S. 60) erörterten Einflüsse der stufenweisen Dissoziation des Wasserstoffes mehrbasischer Säuren besonders deutlich geltend. Während der Dissoziationsgrad des ersten Wasserstoffions dem einer mittelstarken Säure entspricht, verhält sich das zweite Wasserstoffion wie das einer sehr schwachen Säure, und das dritte ist in wässeriger Lösung überhaupt kaum mehr vertretbar, da die einzigen löslichen Triphosphate, die der Alkalimetalle und des Ammoniaks, hydrolytisch nahezu vollständig in die Biphosphate, bzw. deren Ionen, und in freies Alkali gespalten sind. Es existiert mit andern Worten von dem Salze Na_3PO_4 in wässeriger Lösung außer dem Natriumion nicht das dreiwertige Ion P04''', sondern an seiner Stelle das zweiwertige Ion HPO_4'' und Hydroxyl OH'. Die Ursache ist, dass die Dissoziationstendenz des dritten Wasserstoffatoms viel geringer ist, als die des Wassers; löst man daher das feste Salz Na_3PO_4 in Wasser auf, so wirkt das Ion PO_4''' alsbald auf dieses ein und bildet nach der Gleichung PO_4'' + H_2O = PO_4H'' + OH' Hydroxyl und das zweiwertige Phosphation[24].

Bei festen und demgemäß bei schwerlöslichen Salzen macht sich diese Schwierigkeit des Ersatzes nicht geltend. Die hypothetische Erklärung der Erscheinungen liegt darin, dass die Ausbildung einer negativen Ionenladung an einem neutralen Atomkomplex viel leichter erfolgen muss, als an einem, der bereits eine negative Ladung besitzt, da im letztern Falle die erforderliche Arbeit ceteris paribus viel größer sein muss. In erhöhtem Maße gilt dies für die Ausbildung der dritten Ionenladung. Bei festen, nicht dissoziierten Salzen fällt dieser Umstand fort, und deshalb sind die normalen Triphosphate im festen Zustande ganz beständige Salze, wie sie denn die einzigen sind, die sich in der Natur vorfinden.

Sehr deutlich treten diese Verhältnisse beim Fällen des gewöhnlichen Dinatriumphosphats, HNa_2PO_4, mit Silberlösung in die Erscheinung, wobei das schwach alkalisch reagierende Phosphat mit dem neutralen Silbersalz unter Bildung eines gelben Niederschlages von Trisilberphosphat eine stark sauer reagierende Flüssigkeit gibt.

---

[24] Vgl. Bray und Abbott, Journ. Amer. Chem. Soc. 31, 729.

Der Vorgang wird durch die Ionengleichung $3\,Ag\cdot + HPO_4'' = Ag_3PO_4 + H\cdot$ nicht ganz vollständig dargestellt, da ein Teil des Silbers gelöst bleibt; es handelt sich also um ein chemisches Gleichgewicht, und die Reaktion kann vor- wie rückwärts stattfinden.

Bemerkenswert ist, dass die Salze der Orthophosphorsäure mit dreiwertigen Kationen, wie Aluminium, Eisen und Chrom, ganz besonders schwerlöslich sind. Es scheint dieser Erscheinung ein allgemeines Gesetz zugrunde zu liegen, wonach die Verbindungen aus Ionen von gleicher Valenz besonders gern schwerlösliche Salze bilden. Die typischen Fällungsmittel der ausgeprägt einwertigen Halogene sind die einwertigen Kationen des Silbers, Quecksilbers und Kupfers; für die zweiwertigen Erdkalimetalle dienen als Fällungsmittel die zweiwertigen Ionen der Schwefel-, Oxal- und Kohlensäure, und bei den dreiwertigen Ionen des Eisens, Chroms und Aluminiums sind die Phosphate nicht in Essigsäure löslich, während die andern schwerlöslichen Salze dieser Metalle es sind. Doch lässt sich der Satz nicht umkehren; wenn auch die schwerlöslichen Verbindungen überall aus gleichwertigen Ionen gebildet sind, so gibt es doch dagegen zahlreiche Salze gleichwertiger Ionen, welche sieht leicht in Wasser lösen. Es übt also noch ein anderer Umstand einen Einfluss auf die Löslichkeit aus, welcher die eben erwähnte Regelmäßigkeit in vielen Fällen verdeckt.

Die Phosphorsäure vermag mit einigen Metallsäuren, insbesondere mit Wolfram- und Molybdänsäure, komplexe Verbindungen zu bilden, in denen die Basizität der Phosphorsäure erhalten bleibt, während von den betreffenden Trioxyden sich in mehrere Verbindungsgewichte anlagern. Die *Molybdänphosphorsäure,* welche das analytisch wichtigste Beispiel dieses Typus ist, bildet mit den Alkalimetallen und mit Ammoniak sehr schwer lösliche Salze von gelber Farbe, die auch in freien Säuren sich nur sehr wenig lösen, namentlich beim Überschuss eines ihrer Ionen. Man bedient sich dieser Verbindung hauptsächlich zur Erkennung und Abscheidung der Phosphorsäure aus sauern Lösungen, indem man die zu prüfende Flüssigkeit mit einer salpetersauern Lösung von Molybdänsäure und Ammoniumnitrat versetzt. Man muss einige Zeit unter gelindem Erwärmen stehen lassen, damit die Reaktion vollständig wird. Wir haben hier wieder den Fall, dass keine reine Ionenreaktion vorliegt, und die Vorgänge nicht wie bei solchen augenblicklich verlaufen, sondern eine messbare Zeit beanspruchen. Durch die Untersuchung der elektrischen Leitfähigkeit, des spezifischen Volums, der Farbe oder sonst einer geeigneten Eigenschaft der Lösung würde sich der Vorgang quantitativ verfolgen lassen.

Das komplexe Ion der Phosphormolybdänsäure ist nur in saurer Lösung beständig; durch überschüssiges Alkali oder Ammoniak werden die

Ionen der Phosphorsäure und Molybdänsäure zurückgebildet. Daher löst sich der gelbe Niederschlag leicht in Ammoniak auf, und aus der farblosen Lösung kann man das Phosphation als Ammonium-Magnesiumphosphat vollständig fällen. Man benutzt dies Verhalten sowohl in der Analyse, wie auch dazu, phosphorsäurehaltige Molydänrückstände von der Phosphorsäure zu befreien und wieder zugute zu machen.

Indem die Phosphorsäure die Elemente des Wassers verliert, geht sie in zwei andere Säuren über, die Pyrophosphorsäure $H_4P_2O_7$ und die Metaphosphorsäure HPO_3. Die letztere ist kein eigentliches Analogon der Salpetersäure, wie man nach der Beziehung zwischen Stickstoff und Phosphor erwarten könnte, sondern ist gleichfalls, wie die Pyrophosphorsäure, eine kondensierte Säure von bedeutend höherem Molargewicht, als durch die Formel HPO_3 angegeben wird. Auch gibt es eine Anzahl verschiedener Metaphosphorsäuren von verschiedener Molargröße und verschiedenen Eigenschaften. Die in der geschmolzenen oder glasigen Phosphorsäure enthaltene Metaphosphorsäure hat die Eigenschaft, Eiweiß zu fällen; auch gibt sie ein weißes Silbersalz. Pyrophosphorsäure fällt Eiweiß nicht, gibt aber mit Chlorbarium einen Niederschlag, was die Orthophosphorsäure nicht tut. Beide zeigen nicht die Reaktion der letztern mit Magnesiamixtur und mit molybdänsauerm Ammon.

Analytisch wichtig ist bei diesen Abkömmlingen der Phosphorsäure, dass sie sowohl beim Schmelzen mit überschüssigem Alkalikarbonat, wie auch durch längeres Erwärmen in stark angesäuerter Lösung in Orthophosphat, bzw. Orthophosphorsäure übergehen. Die Umwandlung erfolgt auch beim Stehen der wässerigen Lösungen der Säuren allein; die festen Salze lassen sich dagegen ohne Veränderung aufbewahren. Zur quantitativen Bestimmung führt man die andern Phosphorsäuren stets in die Orthoverbindung über, die dann als Magnesium-Ammoniumphosphat abgeschieden wird.

8. Phosphorige und unterphosphorige Säure.

Wiewohl die genannten Säuren zwei-, bzw. einbasisch sind, so mögen sie doch hier im Zusammenhang mit der Phosphorsäure abgehandelt werden, da man sie zu Zwecken der quantitativen Bestimmung meist in diese überführen wird.

Das einfachste analytische Kennzeichen der niedern Säuren des Phosphors ist die Entwicklung von selbstentzündlichem Phosphorwasserstoffgas, welche sie und ihre Salze beim Erhitzen zeigen. Gleichzeitig pflegt sich roter Phosphor abzuscheiden. Ferner wirken sie reduzierend und fällen beispielsweise aus einer angesäuerten Lösung von Quecksilberchlorid Kalomel aus. Im Übrigen bilden sie meist lösliche Salze (das Bariumsalz der phosphorigen Säure ist in Wasser schwer, in Säuren leicht löslich), die wenig Charakteristisches haben.

Bringt man diese Säuren mit naszierendem Wasserstoff zusammen, so werden sie zu Phosphorwasserstoff reduziert, was mit der Phosphorsäure nicht eintritt. Es ist ganz das gleiche Verhalten, welches bei der Schwefelsäure und den niedern Säuren des Schwefels erwähnt worden ist.

Liegen die Säuren in reinem Zustande vor, so kann man sie dadurch unterscheiden, dass die unterphosphorige Säure bei allmählichem Zusatz von Alkali einen scharfen Neutralisationspunkt mittels eines zugesetzten Indikators erkennen lässt, wie das einer mäßig starken einbasischen Säure zukommt. Die zweibasische phosphorige Säure zeigt dagegen dieselbe Eigentümlichkeit wie die dreibasische Phosphorsäure, dass das zweite Wasserstoffion in wässeriger Lösung viel schwerer ersetzt wird, als das erste, dass ihre Neutralsalze zum Teil hydrolytisch gespalten sind und alkalisch reagieren. Zeigt daher eine saure Flüssigkeit, welche die niedern Säuren des Phosphors enthält, einen scharfen Neutralisationspunkt, so enthält sie nur unterphosphorige Säure; ist der Farbübergang unscharf, so enthält sie jedenfalls phosphorige Säure (wenn andere Säuren mit unscharfem Neutralisationspunkt, insbesondere auch Phosphorsäure, ausgeschlossen sind), kann daneben aber auch unterphosphorige Säure enthalten.

Alle Reduktionswirkungen durch die niedrigeren Säuren des Phosphors erfolgen auffallend langsam.

9. Borsäure.

Salze der normalen Borsäure BO_3H_3 sind kaum bekannt, denn die Borsäure teilt mit andern schwachen Säuren die Neigung, kondensierte Säuren zu bilden, indem die Elemente des Wassers aus mehreren Verbindungsgewichten der Säure austreten, wobei der Rest in einen zusammen gesetzteren Komplex übergeht. Die bekannteste dieser Polyborsäuren ist die Tetraborsäure H2B40" die Säure des gewöhnlichen Borax. Unterschiede zwischen den verschiedenen Boraten sind in wässeriger Lösung nicht bekannt, was die Reaktionen der Borsäure anlangt; freilich fehlt es hier auch an scharfen und charakteristischen Reaktionen.

Man erkennt die Borsäure leicht an der grünen Farbe, die sie der Flamme des brennenden Alkohols verleiht. Hierbei macht sich der wesentliche Unterschied gegen die farbigen Flammen z. B. der Alkalimetalle geltend, dass zur Flammenfärbung nicht Glühhitze des färbenden festen Stoffes erforderlich ist. Vielmehr verflüchtigt sich die Borsäure bereits mit den Dämpfen des siedenden Alkohols, indem sich ein leichtflüchtiger Borsäureester bildet. Man führt die Probe am besten so aus, dass man die Substanz mit konzentrierter Schwefelsäure übergießt, Alkohol zusetzt, bis zum Sieden erwärmt, und dann die Dämpfe entzündet: eine grüne Farbe der Flamme kann dann nur von Borsäure herrühren.

Ein zweites Mittel zur Erkennung der Borsäure ist Curcumapapier, welches durch saure Lösungen derselben nach dem Eintrocknen rotbraun gefärbt wird. Über die Ursache dieser eigentümlichen Reaktion ist nichts bekannt, möglicherweise beruht sie auf der gleich zu erwähnenden Eigenschaft.

Die Borsäure besitzt die besondere Eigentümlichkeit, dass sie mit mehrfach hydroxylierten organischen Verbindungen komplexe Säuren bildet, die eine sehr viel saurere Reaktion zeigen, als die Borsäure selbst oder die fragliche organische Verbindung. Es tritt hierbei wahrscheinlich das einwertige Radikal Boryl, BO, an die Stelle des Hydroxylwasserstoffes. Man kann daher Borsäure mit Phenolphthalein als einbasische Säure titrieren, wenn man Mannit zur Lösung setzt.

10. Kieselsäure.

Die Kieselsäure ist eine außerordentlich schwache Säure. Die einzigen löslichen Salze, die sie bildet, sind die mit den Alkalimetallen; die wässerigen Lösungen dieser sind in sehr hohem Maße hydrolytisch gespalten, so dass sie stark basisch reagieren; die in solchen Lösungen enthaltene freie Kieselsäure ist nicht in gewöhnlicher Gestalt, sondern im kolloiden Zustande gelöst, und ist, diesem Zustand entsprechend, sehr wenig reaktionsfähig. Die Änderungen des Gleichgewichtes, welche mit einer Verdünnung oder Konzentrierung dieser Lösung verknüpft sind, erfolgen daher nicht augenblicklich, sondern brauchen eine mehr oder weniger beträchtliche Zeit, und man kann bei ihnen die Erscheinung der *chemischen Nachwirkung* in sehr ausgeprägter Weise beobachten, indem gleich zusammengesetzte Lösungen bei gleicher Temperatur keineswegs gleiche Eigenschaften haben, sondern je nachdem, was vorher mit der Lösung vorgegangen war, verschiedene. Am leichtesten lassen sich diese Verschiedenheiten mit Hilfe der elektrischen Leitfähigkeit beobachten.

Die in Wasser nicht löslichen Silikate der übrigen Metalle sind zum Teil durch Säuren zersetzbar, zum Teil nicht. Im allgemeinen ist ein Silikat umso zersetzbarer, je basischer es ist; daher ist es ein allgemeines Mittel, die Silikate für die Analyse *aufzuschließen,* d. h. sie durch Säuren zersetzbar zu machen, dass man sie mit einem Gemenge von Kalium- und Natriumkarbonat zusammenschmilzt. Man kann auf diese Weise natürlich nur die Bestandteile außer den Alkalimetallen bestimmen; um letztere zu ermitteln, schließt man die Silikate mit Flusssäure auf. Man übergießt das fein gepulverte Mineral mit wässeriger Flusssäure im Überschuss, und dampft unter Zusatz von Schwefelsäure ein. Das Silizium geht in Gestalt von Fluorsilizium fort, während die Metalle als Sulfate zurückbleiben. Der Zusatz von Schwefelsäure ist wesentlich, denn da das Fluorsilizium durch Wasser zersetzt wird, so muss zur Vollendung der Verflüchtigung ein wasserbindender Stoff zugegen sein.

Bei der Zersetzung der Silikate mit Säuren wird die Kieselsäure im kolloiden Zustand abgeschieden. Sie bleibt daher scheinbar gelöst, wenn die Lösungen sehr verdünnt sind, bei höheren Konzentrationen scheidet sie sich in Gallert- oder Pulverform aus. Unter allen Umständen ist sie alsdann wenigstens teilweise löslich; um sie vollständig unlöslich zu machen, muss man sie zur Trockne bringen und einige Zeit auf einer Temperatur etwas oberhalb 100° erhalten. Man tut wohl, nach dem Erhitzen die Masse mit verdünnter Salzsäure statt mit Wasser allein auszuziehen, da unter diesen Umständen die Chloride des Magnesiums und Aluminiums basisch und in Wasser unvollkommen löslich werden.

Der qualitative Nachweis der Kieselsäure beruht auf ihrer Unlöslichkeit in schmelzendem Natriummetaphosphat, der „Phosphorsalzperle". Die mit der Kieselsäure zu Silikaten verbundenen Metalle lösen sich darin auf, und es hinterbleibt bei Gegenwart von Kieselsäure ein „Kieselskelett", d. h. die ungelöste Kieselsäure schwimmt in Gestalt der Probe in der geschmolzenen Perle.

Eigentliche Ionenreaktionen sind bei der Kieselsäure kaum vorhanden, und jedenfalls wird keine zu analytischen Zwecken benutzt.

Dreizehntes Kapitel. Die Berechnung der Analysen.

Da im Allgemeinen die analytisch abgeschiedenen oder sonst quantitativ bestimmten Stoffe nicht mit denen identisch sind, nach denen bei der Analyse gefragt wird, so ist jedes unmittelbar erhaltene Ergebnis zunächst auf letztere umzurechnen. Nach dem stöchiometrischen Grundgesetze sind die Mengen der Stoffe, die durch chemische Umwandlung ineinander übergehen, untereinander proportional, und die fragliche Rechnung besteht daher einfach in der Multiplikation mit einem bestimmten Faktor, der das Verhältnis der Verbindungsgewichte des verlangten und des gefundenen Stoffes darstellt. Man erhält auf diese Weise die Menge des in der zur Analyse genommenen Substanz enthaltenen Stoffes. Gewöhnlich rechnet man dies Ergebnis noch auf 100 Teile ursprünglicher Substanz um, so dass die schließlichen Zahlen Prozente der erhaltenen Stoffe darstellen[25].

In Bezug auf die Angabe der letzten Bestandteile herrscht in den verschiedenen Gebieten der Chemie keine Übereinstimmung. Am rationellsten pflegt man in der organischen Chemie zu verfahren; denn da ist es ausschließlich üblich, die Rechnung auf die Elemente selbst zu führen, und alle Ansichten über die Konstitution der analysierten Verbindung aus der Angabe der Ergebnisse der Zerlegung fern zu halten. In der anorganischen Chemie herrscht hingegen in dieser Beziehung die größte Mannigfaltigkeit. Während bei Verbindungen von ganz unbekannter Konstitution und bei Gemischen häufig die Analyse auf die Prozentgehalte an den verschiedenen Elementen berechnet wird, pflegt man bei Verbindungen, deren Konstitution man kennt oder zu kennen glaubt, die Elemente zu „näheren Bestandteilen" in der Verbindung zusammenzufassen. Hierbei machen sich Anschauungen und praktische Rücksichten der verschiedensten Art geltend, und es sind hier zum Teil noch Formen im Gebrauch, die in den Übrigen Gebieten der Wissenschaft längst verlassen sind.

Ein auffälliges Beispiel dazu bietet das Gebiet der Mineralanalyse. Bei der Angabe der Zusammensetzung eines komplizierten Silikats ist es noch immer üblich, die Formeln des Berzeliusschen Dualismus zu benutzen und die Metalle als Oxyde, die Säuren als Anhydride anzuführen. Die Ursache dieses ultrakonservativen Verfahrens liegt offenbar darin, dass man auf diese Weise die rechnerische Kontrolle der Ergebnisse auf die leichteste Weise erzielt, da die Summe der so berechneten Bestandteile gleich der ursprünglichen Substanzmenge, oder bei prozentischer Berechnung gleich 100 sein muss. Indessen verschwindet

---

[25] Für die Ausführung analytischer Rechnungen sind die „Logarithmischen Rechentafeln" von F. W. Küster (Leipzig, Veit & Co., Preis 2,80 M.), sehr zu empfehlen.

dieser Vorteil alsbald, sowie Halogene in der Verbindung vorkommen, da man deren Säuren, die keinen Sauerstoff enthalten, nicht als Anhydride formulieren kann. Man hilft sich dann oft, indem man das vorhandene Halogen an eines der vorhandenen Metalle gebunden denkt und berechnet, doch ist ein solches Verfahren notwendig willkürlich.

Noch willkürlicher wird die Rechnung bei der Analyse von gelösten Salzgemischen, wie sie in den natürlichen Gewässern vorliegen. Hier hat die Wissenschaft lange vergeblich nach Anhaltspunkten dafür gesucht, wie die verschiedenen Säuren und Basen „aneinander gebunden" seien; die schließliche Antwort, zu der die Dissoziationstheorie der Elektrolyte geführt hat, lautet dahin, dass sie vorwiegend überhaupt nicht aneinander gebunden sind, sondern dass die Ionen der Salze zum allergrößten Teil eine gesonderte Existenz führen, die nur durch das eine Gesetz beschränkt ist, dass die Gesamtmenge der positiven Ionen der der negativen äquivalent sein muss.

Hieraus ergibt sich, dass die einfachste und beste Art, die Ergebnisse der Analyse darzustellen, die Aufführung der einzelnen Elemente mit den Mengen, in denen sie vorhanden sind, sein würde, und ich stehe nicht an, ein solches Verfahren als das prinzipiell richtigste zu empfehlen. Allerdings kann man dann nicht in der Darstellung der analytischen Ergebnisse zum Ausdruck bringen, in welcher Form die verschiedenen Elemente in der Verbindung enthalten sind, doch scheint es mir zweckmäßiger, die hierauf bezüglichen Angaben besonders zu geben, um den analytischen Ergebnissen ihren hypothesenfreien Charakter zu wahren. In manchen Fällen lässt sich allerdings über diese „Form" noch eine rein experimentelle Angabe beibringen, z. B. wenn in einer Verbindung Eisen sowohl als Ferro- wie als Ferrisalz vorhanden ist; doch ist es in solchen Fällen leicht, dies durch ein passendes Zeichen anzudeuten, wie in dem erwähnten Falle durch Fe·· und Fe···.

Ein weiterer Fall, in dem man vorziehen wird, an Stelle der Elemente zusammengesetzte Gruppen zu berechnen, ist der bereits erwähnte, wo man weiß, dass der zu analysierende Stoff ein Gemisch von neutralen Salzen ist, wie das Meerwasser und ähnliche natürliche Lösungen. Hier erfährt man aus der Analyse beispielsweise nicht nur, dass Schwefel in der Lösung ist, sondern auch, dass dieser in der Form des Ions SO_4'', als Sulfation, vorhanden ist. In diesem Falle gibt man am besten die *Ionen* der Menge nach an, ohne sich die Mühe zu machen, diese „aneinander zu binden"[26].

---

[26] Dieser Ausweg ist schon lange, noch vor der Aufstellung der Ionentheorie, von C. v. Than vorgeschlagen und später an einer Reihe von Beispielen praktisch durchgeführt worden.

Eine gewisse Schwierigkeit macht in diesem Falle die Kohlensäure, wenn sie im Überschuss vorhanden ist, wie bei den meisten Quell- und Brunnenwässern. Hier wird man am einfachsten aus der Menge der Metallionen nach Abzug der andern Anionen die „gebundene" Kohlensäure als CO_3'' berechnen, welches das Ion der normalen Karbonate ist; die übrige Kohlensäure ist als freies Kohlensäureanhydrid, CO_2, anzusetzen. Zwar ist dies nicht vollkommen richtig, denn in solchen Lösungen, die überschüssige Kohlensäure enthalten, ist ganz sicher nicht vorwiegend das Ion CO_3'' enthalten, sondern praktisch nur das einwertige Ion HCO_3' der sauern Karbonate. Doch da diese sich beim Abdampfen mehr oder weniger vollständig in normale Karbonate verwandeln, so erscheint es immerhin zulässig, von dieser kleinen Komplikation abzusehen und die Karbonate als normal zu berechnen.

Die gleichen Regeln würden auch für solche andere Fälle Geltung haben, wo man auf die Kenntnis der vorhandenen Ionen Gewicht zu legen Grund hat.

Außer der Menge der Elemente bzw. Ionen gibt man bei wichtigen Analysen auch die Mengen der analytisch gewogenen Stoffe an, damit man bei etwaiger genauerer Bestimmung der Verbindungsgewichte die Umrechnung ausführen kann.

Anhang.

Die nachstehenden Seiten enthalten eine Zusammenstellung von anschaulichen Versuchen, durch welche die wichtigsten Tatsachen und Verhältnisse, auf denen die analytische Chemie beruht, erläutert werden. Eine Sammlung solcher Versuche war zunächst bei Gelegenheit eigener Vorlesungen entstanden; weitere sind bei der Ausarbeitung dieses Abschnittes für die dritte Auflage des vorliegenden Buches erfunden und erprobt worden. Auch hier ist nicht beabsichtigt, Vollständigkeit insofern zu erreichen, dass jeder Stoff und jede Reaktion durch einen Versuch belegt ist; ebenso ist die vorhandene Literatur nicht vollständig ausgenutzt worden. Vielmehr sollte nur an einer Anzahl von Beispielen gezeigt werden, wie man verfahren kann, um die neuen Theorien in ihrer Anwendung auf die allgemeinen Grundlagen der analytischen Chemie anschaulich zu erläutern. Jedem Lehrer werden zu den angegebenen Versuchen noch zahlreiche andere einfallen, die den Zweck ebenso gut oder besser erreichen lassen. Da es aber bekannt ist, in welchem Maße derartige Versuche das Verständnis und die sichere Handhabung der vorgetragenen Sätze durch den Schüler erleichtern, so möchte ich nicht unterlassen, durch die Zusammenstellung einer Anzahl derselben die Fachgenossen anzuregen, sich dieses dankbaren und wirksamen Hilfsmittels auch für die Erläuterung der analytischen Grundlagen zu bedienen.

Die Reihenfolge der beschriebenen Versuche schließt sich völlig der Einteilung dieses Werkes an, indem vor jedem Versuche die Stelle des Textes angegeben ist, auf welche er sieh bezieht.

S. 14. *Die Trennung zweier Stoffe verschiedener Dichte* wird an einem Gemenge von Sand (D = 2.5) und gröblich gepulvertem Schwefel (D = 2.0) mittels einer Lösung von Kaliumquecksilberjodid, deren Dichte auf etwas über 3 gebracht werden kann, gezeigt. Man übergießt in einem 20 cm hohen Stöpselzylinder das Gemenge mit der zu dichten Lösung, so dass alles nach oben steigt, und setzt vorsichtig unter jedesmaligem Durchschütteln Wasser dazu, bis sich die beiden Pulver trennen.

Die Trennung durch *magnetische Kräfte* zeigt man an einem Gemenge von Sand und gepulvertem Magneteisenstein. Man befestigt auf den Schenkeln eines Hufeisenmagnets eine weite Rinne aus glattem, steifem Papier, die dicht auf dem Magnet aufliegt und etwas zwischen die Schenkel eingesenkt ist. Schüttet man das Gemenge zuerst in den Teil der Rinne, der an der Biegung des Magnets liegt, und bringt es bei geneigter Haltung des Magnets durch Klopfen über die Pole fort, so wird der Magneteisenstein festgehalten, während der Sand sich fortbewegt und frei von den schwarzen Teilchen des Magneteisensteins in einem untergestellten Gefäß gesammelt wird. Hat man nur einen kleinen Magnet, so wird man die Reinigung wiederholen müssen. Es ist zweckmäßig, einigermaßen grobes, von Staub freies Pulver zu nehmen.

Für die Trennung unter Vermittlung der *Zentrifugalkraft* wird eine Handzentrifuge benutzt, wie sie zur Milch- und Harnuntersuchung gegenwärtig vielfach hergestellt und wohlfeil in den Handel gebracht werden. Man zeigt die Beschleunigung des Absetzens eines in der Kälte gefällten Niederschlages von Bariumsulfat. Auch kann man eine Emulsion aus Wasser und Anilin, die nach kräftigem Durchschütteln ziemlich lange trübe bleibt, in der Zentrifuge sehr schnell trennen. Man behält bei den Versuchen einen Teil der Flüssigkeit zum Vergleich zurück und gießt ihn in einen ähnlichen Probierzylinder, wie der zum Zentrifugieren benutzte.

Zu S. 17. Der Einfluss der verschiedenen Umstände auf die Filtrationsgeschwindigkeit wird gezeigt, indem man einen Trichter mit sorgfältig eingelegtem Filter mit Wasser füllt und an einer Sekundenuhr mit lautem Schlage (bzw. unter lautem Zählen der Sekunden) die Zeit bestimmt, in welcher ein 10 ccm-Kölbchen gefüllt wird. Es wird erst ein Versuch mit kaltem Wasser, dann einer mit heißem gemacht, dann einer mit kaltem Wasser ohne Verlängerung des Trichterrohres, schließlich einer unter Ansetzen eines 25 cm langen Rohres von 0.2 cm innerer Weite mittels einer Gummiverbindung. Um ein vollständiges Ausfüllen des Rohres zu erreichen, lässt man es nahe dem obern Ende ein wenig zusammenfallen oder versieht es mit einem Knick.

Auch kann hier die Bunsensche Methode des Filtrierens an der Wasserluftpumpe in der bei der Analyse üblichen Form gezeigt werden.

S. 20. Zur Theorie des Auswaschens. Man befeuchtet zwei gleiche Mengen Sand, etwa je 50 g mit einer stark gefärbten Lösung, etwa Indigkarmin oder Kaliumpermanganat, und wäscht die eine Portion durch Aufgießen und Dekantieren von je 100 ccm Wasser aus, bis das letzte Wasser in einem Zylinder von 2—3 cm Weite kaum noch eine Färbung erkennen lässt. Hierzu seien n Aufgüsse nötig gewesen. Dann übergießt man die andere, ebenso gefärbte Sandmenge mit n mal 100 ccm Wasser auf einmal, dekantiert und bringt 100 ccm davon in einen gleichen Zylinder. Diese Flüssigkeit erweist sich viel stärker gefärbt, als das letzte Wasser von den sukzessiven Waschungen mit der gleichen Wassermenge.

Die Wirkung der Adsorption wird deutlich gemacht, wenn man in drei Zylinder gleiche Mengen einer durch Ammoniak gebläuten Lackmaslösung von solcher Stärke bringt, dass die Flüssigkeit noch durchsichtig erscheint. Zu der Lösung in dem einen Zylinder kommt frisch gefällte

Tonerde, zur zweiten Pulver von Schwerspat, die dritte bleibt ohne Zusatz. Werden die beiden ersten Zylinder gut umgeschüttelt, so wird die Flüssigkeit im ersten fast farblos, während der Niederschlag sich dunkelblau färbt, im zweiten Zylinder ist dagegen eine Schwächung der Farbe beim Vergleich mit dem dritten kaum zu erkennen.

Für diese und viele andere Versuche ist ein weißer Schirm sehr nützlich, der aus einer etwa 50 cm breiten und hohen, einerseits mit weißem Papier beklebten oder weiß gestrichenen Blechplatte besteht, und mittels eines angenieteten Armes an einem gewöhnlichen Stativ in beliebiger Lage befestigt werden kann. Man stellt ihn hinter die Zylinder, in denen sich die farbigen Lösungen befinden. Die andere Seite des Schirmes wird mit schwarzem Mattlack überzogen und dient, um Trübungen in Flüssigkeiten erkennbar zu machen.

Die Unterschiede in der Adsorption verschiedener Stoffe durch dasselbe Mittel wird anschaulich, wenn man einerseits Barytwasser, anderseits Salzsäure, beide von gleicher Stärke, sich in Filtrierpapier ausbreiten lässt. Dies kann geschehen, indem man Streifen von Filtreripapier in die Flüssigkeiten hineinhängen lässt, diese sich 5—10 cm hoch gezogen haben, oder indem man auf je ein Blatt von starkem Filtrierpapier einen großen Tropfen der Flüssigkeit bringt und diesen sich ausbreiten lässt. Durch Bestreichen des nassen Fleckes mit Phenolphthalein, bzw. Methylorange oder Lackmus macht man sichtbar, dass der Baryt bereits im ersten Drittel der durchwanderten Strecke festgehalten wird, während die Salzsäure nur ganz wenig hinter dem Wasser zurückgeblieben ist. Durch Anwendung anderer Lösungen lässt sich der Versuch ins Unbegrenzte abändern.

S. 23. *Verschiedenheit der Korngröße desselben Stoffes.* Man fällt gleiche Mengen verdünnter Lösungen von Chlorbarium und Schwefelsäure (etwa $^1/_{10}$ normal) einerseits in der Kälte, anderseits nachdem man beide Lösungen bis zum Sieden erwärmt hat. Während der erste Niederschlag durch das Filter läuft (besonders wenn das Chlorbarium in kleinem Überschusse genommen wird), lässt sich der in der Hitze erhaltene Niederschlag klar abfiltrieren.

Die Theorie der Vergrößerung eines großen Kornes auf Kosten eines kleinen lässt sich durch den folgenden, für andere Zwecke von V. Boys angegebenen Versuch anschaulich machen. Es wird ein aus ziemlich weiten Glasröhren hergestelltes doppeltes T-Rohr in der durch die umstehende Figur dargestellten Weise mit Hähnen versehen. Man bläst an die beiden untern Öffnungen mittels eines angesetzten Gummischlauches je eine Seifenblase. Schließt man die beiden Seitenhähne und öffnet den mittlem, so wächst die größere von beiden Blasen auf Kosten der kleineren. Um den Versuch noch überzeugender zu machen, lässt man die größere Blase durch Öffnen des entsprechenden Hahnes kleiner werden als die andere; schließt man dann wieder den Seitenhahn und öffnet den mittlem, so wird die Blase, die vorher kleiner geworden war, nun größer, da sie der andern jetzt an Größe überlegen ist.

Der Versuch ist keineswegs ein bloß äußerliches Bild der Erscheinung, welche erläutert werden soll, sondern es handelt sich in beiden Fällen um den Einfluss der Oberflächenenergie, nur dass die Oberflächenspannung festflüssig durch die leichter zu beobachtende Oberflächenspannung flüssig-gasförmig ersetzt ist.

Die erforderliche Seifenlösung gewinnt man, indem man 10 g Ölsäure durch die eben erforderliche Menge Natronlauge in Lösung bringt (man setzt dann tropfenweise verdünnte Salzsäure zu, bis eine beim Umschütteln nicht mehr verschwindende schwache Trübung entsteht), 25 g Glyzerin zufügt und das Ganze mit Wasser auf 100 ccm bringt. Färbt man diese Lösung mit Eosin, so sind die Blasen weiter sichtbar.

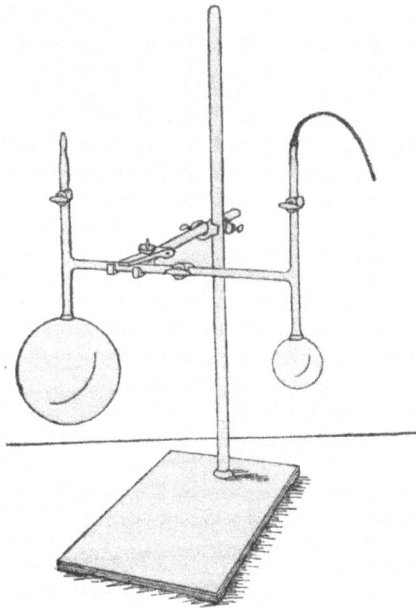

S. 25. Zur Darstellung der *Eigenschaften kolloider Lösungen* ist kolloides Arseutrisulfid geeignet. Man stellt durch Erwärmen von arseniger Säure mit Wasser eine Lösung dieser her und setzt zu der abgekühlten Flüssigkeit in kleinen Mengen Schwefelwasserstoffwasser so lange, als der Geruch nach Schwefelwasserstoff und die andern Reaktionen darauf verschwinden. Man erhält eine gelbe Flüssigkeit, die durch alle Filter geht, einen darauffallenden Lichtkegel zerstreut, Polarisation des reflektierten Lichtes zeigt und durch Zusatz von Elektrolyten zum Gerinnen gebracht wird. Letzteres zeigt sich in der Flockenbildung und darin, dass die z. B. mit Salzsäure versetzte Flüssigkeit ein farbloses Filtrat gibt, während das Schwefelarsen auf dem Filter bleibt.

Die Erscheinung des „Durchgehens" lässt sich an Thallojodid zeigen. Man stellt es durch Fällen verdünnter Thallonitrat- oder -sulfatlösung mit Jodkalium her und bringt es auf ein Faltenfilter. Solange Mutterlauge vorhanden ist, filtriert die Flüssigkeit klar; wäscht man mit reinem Wasser nach, so tritt sehr bald das Durchgehen ein. Nimmt man nun Jodkalium-lösung statt des Wassers, so wird das Filtrat wieder klar; beim Nach waschen mit reinem Wasser wird es wieder trübe.

Zum Vergleich dient ein Thalliumjodürniederschlag, den man einige Tage vorher dargestellt und unter der Lösung hat stehen lassen; dieser gestattet ein Auswaschen ohne Durchgehen, da bei ihm die Rekristalli-sation stattgefunden hat.

S. 29. *Die Diffusion der Gase* und die daher rührenden Trennungen werden folgendermaßen anschaulich gemacht. Es wird Knallgas aus ei-nem Voltameter entwickelt, welches aus einem weitmündigen Gase be-steht, das mit ziemlich starker Natronlauge gefüllt und mit zwei ineinander gestellten zylindrischen Elektroden aus Eisen- oder besser Nickelblech versehen ist. Die starken Drähte, welche die Elektroden tragen, gehen durch einen Gummistopfen, der außerdem ein Gasentwicklungsrohr enthält. Das Gas wird mit Chlorkalzium getrocknet und tritt dann in eine verzweigte Leitung ein. Der eine Arm derselben besteht aus Glasrohr, der andere aus unglasiertem Ton. In jeden Zweig ist ein Hahn eingeschaltet, so dass man das Gas nach Belieben durch den einen oder andern fließen lassen kann. Weiterhin vereinigen sich beide Zweige wieder und führen in eine pneumatische Wanne. Der Aufbau (ohne Trockenrohr) ist in der nachstehenden Figur dargestellt.

Man lässt die Gasentwicklung angehen (zwei Akkumulatoren genügen) und leitet das Knallgas zunächst durch den aus Glas bestehenden Weg. Fängt man es über Wasser in einem starkwandigen kurzen Probierrohr auf, so kann man es gefahrlos mittels eines brennenden Holzes ent-zünden und durch seinen pfeifenden Knall kennzeichnen. Jetzt werden die Hähne umgeschaltet und das Gas durch das Tonrohr geleitet. Wenn die richtigen Verhältnisse getroffen sind, so erhält man ein Gas, das nicht mehr knallt, wohl aber den Holzspan zu lebhafterem Brennen bringt. Der Wasserstoff ist fast vollständig fortdiffundiert, während der Sauerstoff entsprechend seiner größeren Dichte zurückgeblieben ist.

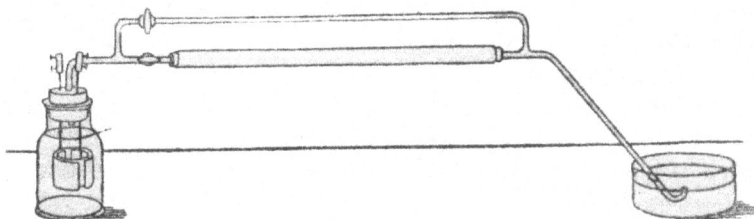

Die Diffusion des *Kohlendioxyds* durch Kautschuk wird ersichtlich, wenn man dies Gas durch einen ziemlich weiten, aber nicht dickwandigen Schlauch aus schwarzem Gummi leitet und an diesen beiden Enden mittels zweier Schraubenquetschhähne verschließt. Nach einigen Stunden ist der Schlauch zu einem Bande plattgedrückt, da das Kohlendioxyd durch die Kautschukwand entwichen ist, während keine bzw. nur sehr wenig Luft dafür eingetreten ist.

Wird ein beiderseits offenes Rohr von 1—2 cm Weite an einem Ende mit Kautschukblatt überbunden und über Quecksilber mit Kohlendioxyd gefüllt, so steigt das Quecksilber in der Röhre im Lauf einiger Stunden merklich auf. Der Versuch ist besonders lehrreich, weil er den Ausgleich der Gaskonzentrationen auch gegen den Gesamtdruck eindringlich vor Augen führt.

S. 34. *Verschiedenheiten des flüssigen Zustandes.* Man füllt in Röhren von 1.5—2 cm Weite und 15—20 cm Länge, die einerseits zugeschmolzen, anderseits ausgezogen sind, bis zur Hälfte die Flüssigkeiten Äther, Wasser, konzentrierte Schwefelsäure, Glyzerin und farblosen Zuckersirup, schmilzt sie zu und lässt sie unbezeichnet bei den Hörern umgehen. Es ist nicht schwer, diese fünf Stufen der Beweglichkeit, bzw. der innern Reibung beim bloßen Bewegen der Gläser zu unterscheiden.

S. 36. *Abhängigkeit der Farbe von der Korngröße und vom Brechungskoeffizienten des umgebenden Mittels.* Es werden nebeneinander gezeigt: ein möglichst großer *Kristall* von Kupfervitriol (dunkelblau), *Kristallmehl*, am leichtesten durch Fällen der gesättigten Lösung mit Alkohol zu erlangen, (mittelblau) und *feines Pulver* desselben Salzes (blassblau). Wird das feine Pulver mit Benzol oder Bromnaphthalin übergossen, so erscheint alsbald wieder die dunkelblaue Farbe, da die Menge des Oberflächenlichtes wegen Annäherung der Brechungskoeffizienten vermindert wird.

S. 39. *Bei der Destillation eines Gemenges aus zwei unvollkommen mischbaren Flüssigkeiten* erhält man stets dasselbe Verhältnis der Flüssigkeiten im Dampfe, unabhängig vom Verhältnis im Destillierkolben. Man benutzt ein Gemenge von Isobutylalkohol und Wasser, das man aus einem Destillierkolben mit Liebigschem Kühler destilliert. Das Destillat wird in einer Reihe nebeneinander stehender Probiergläser so aufgefangen, dass diese immer zu gleicher Höhe gefüllt werden. Nach der bald erfolgenden Scheidung der Flüssigkeiten ergibt es sich, dass in allen Gläsern die Trennungsfläche der beiden Flüssigkeiten in gleicher Höhe steht. Durch den Zusatz einiger Tropfen Indigkarmin, welcher in der wässerigen Phase bleibt, kann man das weithin sichtbar machen.

Gleichzeitig kann man an einem eingesenkten Thermometer zeigen, dass die Siedetemperatur des Gemenges weit unter der der Bestandteile liegt.

S. 45. *Die Vorgänge beim Ausschütteln mit einem zweiten Lösungsmittel* macht man mittels einer 1/50-normalen Lösung von Jod in Jodkalium, wie sie zu analytischen Zwecken gebraucht wird, anschaulich. Man bringt 40 ccm davon in einen Scheidetrichter und setzt 10 ccm Chloroform dazu, die man nach kräftigem Durchschütteln ablaufen lässt und durch eine gleiche Menge von frischem Chloroform ersetzt, usw. Die abgelassenen Lösungen werden in Probierröhren nebeneinander aufgestellt und lassen die in geometrischer Reihe zunehmende Verdünnung an der Abnahme der purpurvioletten Farbe gut erkennen. Ist nach der vierten oder fünften Ausschüttelung der wässerige Rückstand nur noch schwach gefärbt, so bringt man ihn in einen besondern Zylinder und wiederholt den Versuch mit der gleichen Menge Jodlösung, indem man 40, bzw. 50 ccm Chloroform auf einmal zusetzt. Der wässerige Rückstand, den man nach dem Ablassen des Chloroforms in einen gleichen Zylinder gießt, erweist sich neben dem ersten als unverhältnismäßig viel stärker gefärbt.

S. 54. *Leiter und Nichtleiter.* Zwei recteckige Platinbleche von einigen cm Seite werden mit angeschweißten Stielen aus starkem Platindraht versehen und mit diesen in Glasröhren eingeschmolzen (oder eingekittet). Beide Röhren werden durch einen Deckel von Hartgummi geführt und so festgekittet, dass die Bleche einander mit einer Entfernung von etwa einem cm parallel stehen. Man verbindet diese Elektroden mit einem Akkumulator und einem Vorlesungsgalvanometer oder Milliamperemeter. Das Messinstrument erhält einen regulierbaren Widerstand als Nebenschluss, den man so abgleicht, dass beim Einsenken der Elektroden in normale Salzsäure der Zeiger des Galvanometers fast über die ganze Skala geht.

Eine Reihe von deutlich bezeichneten Standgläsern enthält folgende Flüssigkeiten: destilliertes Wasser, Lösung von Rohrzucker, Methylazetat, Essigsäure, Schwefelsäure, Salzsäure, Ammoniak, Kali, Chlorkalium,

Kaliumazetat, Chlorammonium, Ammoniumazetat, wohl auch noch einige andere Salze und Säuren, alle in normaler Lösung.

Man zeigt, dass beim Eintauchen der Elektroden in reines Wasser und in die Lösungen der Nichtelektrolyte kein Ausschlag entsteht, während die Säuren, Basen und Salze alle Leitung bewirken. Ferner macht man aufmerksam, dass die verschiedenen Säuren auch in äquivalenter Lösung verschieden leiten, ebenso die verschiedenen Basen, während sich die Salze ziemlich übereinstimmend verhalten. Besonders lehrreich ist der Nachweis, dass aus den wenig leitenden Elektrolyten Ammoniak und Essigsäure ein Salz erhalten wird, welches ebenso gut leitet, wie die aus starken Säuren und Basen entstehenden Salze.

Um den Parallelismus zwischen Leitfähigkeit und chemischer Reaktionsfähigkeit zu zeigen, kann man die Lösung des Kaliumazetats und die des Methylazetats mit einer Ferrisalzlösung versetzen; erstere zeigt keine Änderung, in der zweiten tritt die rote Färbung des (nichtdissoznerten) Ferriazetats auf.

Dass die molare Leitfähigkeit mit steigender Verdünnung zunimmt, wenn der Elektrolyt wenig dissoziert ist, wird folgendermaßen gezeigt. Man stellt in ein rechteckiges, parallelwandiges Gefäß aus mit Email zusammengesetzten Spiegelglasplatten, wie man sie im Handel bekommt (nötigenfalls kann man sich eines aus Glasplatten mit einem Kitt aus Wachs und Kolophonium zusammensetzen), zwei große Elektroden aus Eisen- oder Nickelblech, welche die beiden großen Seiten des Gefäßes bedecken und einander parallel gegenüberstehen. Das Gefäß mag ein oder einige cm weit sein. Das Gefäß wird zu etwa einem Zehntel mit einer etwa doppeltnormalen Lösung von Ammoniak gefüllt, mit einem Akkumulator und Galvanometer nebst Nebenschluss, wie im vorigen Versuche, verbunden, und der Nebenschluss so gestellt, dass der Ausschlag bei der angegebenen Füllung gut sichtbar ist. Wird nun reines Wasser in das Gefäß gegossen, so nimmt die Leitfähigkeit und damit der Ausschlag deutlich zu und steigt bei gefülltem Gefäße fast auf das Dreifache des Anfangswertes.

Wird der gleiche Versuch mit Kalilösung wiederholt, so nimmt die Leitfähigkeit durch die Verdünnung kaum merklich zu.

Zur weiteren Erläuterung des Parallelismus zwischen Leitfähigkeit und Reaktionsfähigkeit, insbesondere zur Charakteristik der starken schwachen Säuren, bedient man sich der Einwirkung derselben auf metallisches Zink. Annähernd gleich große Stücke werden in kleine Erlenmeyerkolben gebracht, welche die fraglichen Säuren (Salzsäure, Schwefelsäure, Essigsäure) in äquivalenten Lösungen enthalten, und es wird die Geschwindigkeit der Wasserstoffentwicklung gemessen, indem man das

Gas über Wasser in Messröhren gleichen Durchmessers (etwa umgekehrte Büretten) auffängt. Die Unterschiede der in gleichen Zeiten entwickelten Gasmengen sind sehr deutlich.

Damit die Wasserstoffentwicklung leicht und gleichförmig stattfindet, setzt man den Säuren gleiche Mengen (einige Tropfen) einer Kupfersulfatlösung zu und lässt die Gasentwicklung einige Zeit andauern, bevor man die Beobachtung beginnt.

S. 61. *Stufenweise Dissoziation*. Eine einfach bis zweifach molare[27] Lösung von Phosphorsäure reagiert sauer gegen Methylorange und Phenolphthalein. Setzt man stufenweise Ätzkali dazu, so verschwindet die saure Reaktion gegen Methylorange, während die gegen Phenolphthalein noch bleibt.

Da das Verständnis dieses Versuches die Kenntnis der Theorie der Indikatoren voraussetzt, so wird er vielleicht besser angestellt, nachdem diese vorgetragen worden ist (S. 104), und man weist dabei auf die stufenweise Dissoziation zurück.

S. 63. *Gleichionige Säuren und Salze*. Um den Einfluss des Zusatzes eines Salzes zu einer Säure mit gleichem Anion zu zeigen, kann man verschiedene Versuche anstellen, welche diese analytisch so wichtigen Verhältnisse von verschiedenen Seiten beleuchten.

Im Anschluß an den S. 171 erwähnten Versuch misst man die Geschwindigkeit der Einwirkung von Essigsäure auf Zink, indem man das entwickelte Gas in eine schwach geneigte, mit Wasser oder verdünntem Glyzerin gefüllte Röhre leitet und den Abstand der hintereinander laufenden Blasen beobachtet. Wird nun zu der Säure eine konzentrierte Lösung von Natriumazetat gesetzt, so nimmt der Abstand der Blasen sehr bedeutend zu. Will man dies noch anschaulicher machen, so beginnt man den Versuch mit zwei gleichen Apparaten und beobachtet die Gleichheit der Blasenabstände. Dann wird zu der Säure eines Apparates Natriumazetat gefügt und der Unterschied gegen den andern aufgezeigt. Da schwerlich die Blasenabstände bei dem Parallelversuch völlig gleich ausfallen werden, so setzt man das Natriumazetat dort zu, wo der kleinere Blasenabstand, also die schnellere Entwicklung beobachtet wird; die Wirkung ist dann umso auffallender.

Der Versuch ist auch gut zur Projektion geeignet.

---

[27] Eine einfache molare Lösung ist eine solche, welche ein Mol des fraglichen Stoffes im Liter enthält. Unter einer normalen Lösung versteht man dagegen bekanntlich eine, welche ein Grammäquivalent das Stoffes im Liter enthält.

Während dieser Versuch sich an das Verfahren zur Demonstration der Dissoziation der Säuren anschließt, und hierin seinen Unterrichtswert hat, ist der nachfolgende (von Crum Brown angegebene) lehrreich durch seine Beziehung zur analytischen Praxis. Man sättigt eine verdünnte und mit Essigsäure angesäuerte Lösung von Eisenvitriol oder besser Mohrschem Salz (letzteres gibt sicherer eine klare Lösung) mit Schwefelwasserstoff, wobei kein Niederschlag von Schwefeleisen entsteht. Werden in diese Flüssigkeit Körnchen von festem Natriumazetat geworfen, so zieht ein jedes davon einen langen schwarzen Schwanz hinter sich, indem es niedersinkt, sich auflöst und die Bildung des Schwefeleisens an den entsprechenden Stellen ermöglicht. Auch dieser Versuch eignet sich zur Projektion.

Endlich kann man auch verdünnte Essigsäure mit Methylorange versetzen, wobei die karminrote Säurereaktion dieses Indikators eintritt. Fügt man zu der Flüssigkeit etwas Natriumazetat, so wird die Lösung wieder gelb, d. h. sie zeigt eine fast neutrale Reaktion. Auch dieser Versuch setzt indessen die Kenntnis von dem Verhalten der Indikatoren (S. 104) voraus.

S. 64. *Hydrolyse.* Eine konzentrierte Lösung von Ammoniumchlorid wird mit Phenolphthalein und so viel Ammoniak versetzt, dass die Flüssigkeit deutlich rot gefärbt erscheint. Wird diese Lösung mit viel Wasser verdünnt, so verschwindet die rote Färbung, d. h. die alkalische Reaktion wird durch die Hydrolyse des Chlorammoniums in Salzsäure neben Ammoniak (eine starke Säure neben einer schwachen Base) in die saure verwandelt.

Setzt man umgekehrt zu einer mäßig konzentrierten Lösung von Natriumphosphat Phenolphthalein und vorsichtig so viel verdünnte Phosphorsäure, dass die Flüssigkeit farblos wird, so tritt beim Verdünnen die rote Farbe zum Zeichen der alkalischen Reaktion wieder ein.

S. 67. *Reaktionsgeschwindigkeit.* Um zu zeigen, dass chemische Vorgänge im allgemeinen Zeit brauchen, bedient man sich einer wässerigen Lösung von Methyl- oder Äthylazetat, der man etwas Phenolphthalein zusetzt, und die man in einen Kolben mit aufgesetztem Natronkalkrohr bringt. Wird etwas Barytwasser zugefügt, so färbt sich die Flüssigkeit stark rot; bei einigem Stehen verschwindet aber die Färbung, auch wenn man den Zutritt der Kohlensäure aus der Luft durch das Natronkalkrohr abhält, und man kann so die langsam verlaufende Verseifung beobachten.

Im Gegensatz dazu steht der in unmessbar kurzer Zeit verlaufende Vorgang der Neutralisation auch schwacher Säuren, wie Essigsäure, durch Basen, wie Baryt. Nach der Neutralisation der mit Phenolphthalein geröteten Barytlösung mit Essigsäure tritt keine Nachwirkung ein, auch wenn man die Neutralisation mittels einer Bürette ohne Säureüberschuss zu Ende geführt hat.

Der Einfluss der Temperatur auf die Reaktionsgeschwindigkeit lässt sich an demselben Versuch zeigen, wenn man das Gemenge von Essigester und Barytlösung in zwei gleiche Gläser verteilt und das eine in heißes Wasser stellt, während das andere bei Zimmertemperatur verbleibt. Auch kann man ein drittes Glas mit derselben Mischung in Eiswasser stellen. In allen Fällen sind die auftretenden Zeitunterschiede recht bedeutend.

Ein lehrreicher Versuch über die Geschwindigkeit analytischer Reaktionen, durch den die Langsamkeit der Vorgänge anschaulich gemacht wird, die keine reinen Ionenreaktionen sind, ist die Bildung des komplexen Kaliumkobaltnitrits. Man bringt Kobaltchlorid oder -nitrat mit Kaliumnitrit und Essigsäure zusammen, so dass die Lösung in Bezug auf das Nitrit etwa normal ist; dann ist die Bildung des komplexen Salzes so schnell, dass man den Vorgang bequem in der Vorlesung beobachten kann. Wird die Lösung verdünnter genommen, so nimmt die Reaktionsgeschwindigkeit sehr erheblich ab. Sehr übersichtlich werden die Verhältnisse, wenn man in zwei gleiche Stehzylinder je 1 ccm einer molaren Kobaltlösung bringt, Essigsäure zusetzt, und die eine Flüssigkeit mit Wasser, die zweite mit normaler Kaliumnitritlösung auf 100 ccm auffüllt. Während die erste Lösung ihre rosenrote Farbe unverändert beibehält, wird die andere bereits nach einigen Minuten merklich gelber und beginnt nach einer Viertelstunde einen Niederschlag abzusetzen. Stellt man noch einen dritten Versuch an, bei welchem die Lösung des zweiten durch Wasser auf die Hälfte verdünnt ist, so beginnt die Fällung viel langsamer und ist auch nach Wochen nicht vollständig.

S. 68. *Katalyse.* Von den zahllosen katalytischen Erscheinungen lassen sich viele ohne weiteres in der Vorlesung zeigen. Am deutlichsten sind die Oxydationskatalysen, z. B. mit Wasserstoffperoxyd. Man versetzt eine verdünnte Lösung dieses Stoffes mit Jodkalium, Stärkelösung und etwas Essigsäure und stellt zwei Proben des Gemenges nebeneinander. Zu der einen wird eine Spur Eisenvitriollösung an einem Glasstabe gebracht; sie färbt sich beim Umrühren fast augenblicklich blau, während die ursprüngliche Lösung dazu eine ziemlich lange Zeit braucht. Ähnlich wie Ferrosalz wirken verdünntes Blut und Kaliumbichromat.

Eine andere, auch analytisch wichtige katalytische Reaktion ist die Beschleunigung der Wirkung des Kaliumpermanganats auf Oxalsäure durch die Anwesenheit von Manganosalzen. Man stellt zwei gleiche Lösungen von Oxalsäure, Schwefelsäure und Kaliumpermanganat her und versetzt die zweite Probe mit einigen ccm Siner Manganosulfatlösung.

Während die erste Flüssigkeit sich nur sehr langsam entfärbt, geschieht dies bei der zweiten in wenigen Augenblicken.

S. 69. *Übersättigte Lösungen* lassen sich von sehr vielen Stoffen herstellen. Um die Versuche mit einem analytisch benutzten Stoffe durchzuführen, kann man sich des sauern Kaliumtartrats zur Veranschaulichung der Tatsache bedienen, dass einer Fällung immer eine Übersättigung vorangeht. Lösungen, die ein Mol saures Natriumtartrat und ebensoviel eines beliebigen Kaliumsalzes in 10 Litern enthalten, bleiben beim Vermischen klar, scheiden aber nach längerer Zeit das Kaliumsalz aus. Bringt man in die übersättigte Lösung „Keime" in der Art, dass man etwas Weinstein mit dem hundertfachen Gewicht eines neutralen Salzes, z. B. Natriumnitrat, sehr fein verreibt, und dann eine ganz geringe Spur dieses Gemisches in die Flüssigkeit wirft, so scheidet sich beim Umschütteln alsbald ein reichlicher Niederschlag von sauerm Kaliumtartrat ab.

S. 70. *Das Löslichkeitsprodukt.* Die Verminderung der Löslichkeit der Salze durch Anwesenheit des gleichen Ions wird am besten an analytisch wichtigen Niederschlägen demonstriert. Man stellt Lösungen von Chlorbarium und Schwefelsäure her, welche ein Mol auf 1000 l enthalten, und zeigt zunächst, dass beim Vermischen gleicher Volume derselben kein Niederschlag entsteht. Dann wird die klare Flüssigkeit in drei gleiche Anteile geteilt. Der eine bleibt unverändert, dem zweiten wird etwas von einer Chlorbariumlösung gewöhnlicher Konzentration aus der Reagenzienflasche zugefügt, der dritte erhält einen entsprechenden Zusatz von Ammoniumsulfatlösung. Während der erste Anteil lange Zeit klar bleibt[28], trüben sich die beiden andern alsbald sehr stark.

Ähnliche Versuche lassen sich mit andern analytisch wichtigen Niederschlägen anstellen.

Die S. 73 ff. angegebenen Reaktionen werden je nach der Größe des Hörsaals in Probierröhren oder Kelchgläsern ausgeführt und bedürfen keiner besondern Beschreibung.

S. 79. *Übersättigungserscheinungen an Gaslösungen* beobachtet man, indem man Selterwasser in ein parallelwandiges Gefäß gießt und das erste Aufbrausen vorübergehen lässt. Am besten zeigt man die Erscheinung im Projektionsapparat. Wird ein Platindraht im gewöhnlichen Zustand in die Flüssigkeit gebracht, so bekleidet er sich mit einer dicken Hülle von Blasen. Wird er ausgeglüht und unmittelbar darauf in die Lösung gebracht, bleibt er blasenfrei. Zieht man ihn nach dem Ausglühen zwischen den Fingern durch, so wird er wieder aktiv. Berührt man den

---

[28] Nach etwa 20 Minuten beginnt auch diese Lösung sich zu trüben.

frisch geglühten Draht nur an einer Stelle mit den Fingern, so bekleidet sich auch nur diese Stelle mit Blasen.

Ein an einem Glasstiel befindliches Becherchen, das man luftgefüllt mit der Öffnung nach unten in die Gaslösung senkt, vermehrt seinen Luftinhalt und lässt langsam große Blasen entweichen, zum Zeichen, dass das Kohlendioxyd aus der Lösung in die Luft im Becher diffundiert.

Diese Versuche lassen sich sehr vermannigfaltigen, doch kommen die maßgebenden Verhältnisse bei analytischen Arbeiten nicht so viel in Betracht, dass eine ausführlichere Behandlung gerechtfertigt wäre.

S. 81. *Der Einfluss des Ionenzustandes beim Ausschütteln* wird sichtbar gemacht, wenn man eine Lösung von Jod in Chloroform oder Schwefelkohlenstoff mit Wasser schüttelt, wobei fast gar kein Jod in die wässerige Lösung übergeht. Sowie aber das Jod die Möglichkeit erhält, Ionen zu bilden, verlässt es den Schwefelkohlenstoff. Dies geschieht z. B. beim Zusatz von Kalilösung, wobei das freie Jod in Jodion und Jodation übergeht, und der Schwefelkohlenstoff sich entfärbt. Auf Zusatz einer Säure wird wieder Jod zurückgebildet, und das Jod geht aus dem Wasser in das andere Lösungsmittel über.

Gleichfalls lehrreich ist der Übergang des Jods in die wässerige Lösung auf Zusatz einer konzentrierten Lösung von Jodkalium, wobei sich Trijodion J'_3 bildet. Da dieses in der wässerigen Lösung zum Teil zerfallen ist, so erfolgt die Entfärbung des Schwefelkohlenstoffes nicht vollständig, wird aber umso deutlicher, je mehr Jodkalium man zufügt.

S. 81. *Das Prinzip der Elektrolyse* kann man anschaulich machen, wenn man irgendein Gemenge organischer Stoffe, etwa einen Speisebrei aus Erbswurst oder Kartoffeln, mit etwas Quecksilberchlorid versetzt und mit. einem Golddraht als Kathode der Elektrolyse unterwirft. Als Anode dient am bequemsten, wenn vorhanden, eine große Platinschale. Die Ausscheidung des weißen Quecksilberüberzuges auf dem Golddraht lässt sich bereits nach kurzer Zeit beobachten, und man schickt den abgewaschenen Draht in einem Probierröhrchen als Beleg durch das Auditorium.

Um die verschiedenen Produkte der Elektrolyse zu zeigen, nimmt man die Zersetzung am anschaulichsten in U-Röhren (für einen kleinen Kreis) oder in parallel- wandigen Gefäßen am Projektionsapparat vor. Silbernitrat zwischen Silberelektroden zeigt an der Kathode die Abscheidung von Silberkristallen, an der Anode sieht man auf dem Schirm die Schlieren der dort entstehenden konzentrierten Lösung niedersinken. Andere geeignete Stoffe für die Elektrolyse sind Jodkalium, Zinnchlorür, Chromsäure, Eisenchlorid, die alle zu entsprechenden Erörterungen Anlaß geben.

Der Einfluss der Komplexbildung auf die Stellung in der Spannungsreihe wird an einer Kette aus Silber in Silbernitrat und Kupfer in Kupfernitrat gezeigt; die Silberelektrode kommt in eine unten mit Pergamentpapier geschlossene Röhre, welche man in ein Glas hängt, das die Kupferelektrode in ihrer Lösung enthält. Man leitet den Strom durch ein weithin sichtbares Galvanoskop und bemerkt den Sinn des Ausschlages. Wird zu der Silberlösung eine konzentrierte Lösung von Zyankalium gegossen, bis der Niederschlag sich wieder aufgelöst hat, so kehrt sich die Richtung des Stromes um, und das Silber ist nicht mehr Kathode, sondern Anode und schlägt das Kupfer aus seinem Salze nieder.

S. 88. *Das Gesetz der Reaktionsstufen* kann außer an den im Text genannten Beispielen noch durch folgende Versuche anschaulich gemacht werden. Man fällt zwei gleiche Anteile einer Lösung von Chlorkalzium durch Natriumkarbonat in der Kälte und erhitzt den einen Niederschlag in seiner Mutterlauge, bis er dicht geworden ist. Wird dann ein Überschuss von Chlorammonium zu den beiden Niederschlägen gesetzt, so löst sich das kalt gefällte amorphe Kalziumkarbonat leicht auf, während das kristallinisch gewordene sich der Auflösung widersetzt.

Eine noch lehrreichere Form dieses Versuches erhält man, wenn man die Lösung eines Chromisalzes (z. B. Chromalaun) mit überschüssiger Kalilösung versetzt, bis der anfangs entstandene Niederschlag sieh wieder gelöst hat. Die klare grüne Flüssigkeit scheidet, wenn die Kalilösung etwa doppeltnormal war, bereits bis zum andern Tage den größten Teil des Chromoxyds wieder aus, indem eine beständigere, in Kalilauge nicht merklich lösliche Form des Hydroxyds gebildet wird. Hier ist also durch die Fällung zuerst die unbeständigere, lösliche Form des Chromhydroxyds entstanden, und der Unterschied in der Beständigkeit beider Formen ist so groß, dass sogar aus der Lösung die zweite, beständigere sich bildet.

Durch Erhitzen kann, wie bekannt, die Fällung sehr schnell bewirkt werden; die Änderung der Temperatur ist aber hier nicht das Entscheidende, da die Ausfällung auch bei Zimmertemperatur, wenn auch langsamer, erfolgt.

Dass gegebenenfalls zuerst übersättigte Lösung und erst später die mögliche feste Form entsteht, zeigt man durch Zusatz von Weingeist zu einer Lösung von Magnesiumsulfat oder Mangansulfat. Es scheidet sich eine übersättigte Lösung des Salzes unter einer vorwiegend aus wässerigem Weingeist bestehenden Schicht aus, die auf Zusatz von etwas festem Sulfat erstarrt.

S. 103 ff. Die in dem zweiten Teile des Werkes erwähnten Versuche sind zum allergrößten Teil „Probierröhrchenversuche", deren Technik keiner besonderen Beschreibung bedarf. Ich habe daher darauf verzichtet, sie noch einzeln von neuem anzuführen, und glaube es dem Lehrer überlassen zu dürfen, so viele oder wenige von den angegebenen Reaktionen seinen Schülern praktisch vorzuführen, als der Unterrichtszweck und die verfügbare Zeit gestatten. Nur möchte ich auch hier die Bemerkung nicht unterdrücken, dass man gerade in solchen Versuchen kaum zu viel tun kann, bei denen der äußerliche Apparat so einfach wie möglich und daher die ganze Aufmerksamkeit des Schülers auf die Erscheinung selbst gerichtet ist.